半導体戦争！　中国敗北後の日本と世界

宮崎正弘

プロローグ

ソクラテスや孔子の智恵をＡＩは越えるのか

世界半導体戦争

半導体はあらゆるハイテク機器、コンピュータからスマホ、人工衛星からドローン、長距離ミサイルの中枢部品である。

ＡＩ（人工知能）が人間の知能に近づく２０３５年頃にはＩＣチップに1兆個のトランジスタが埋め込まれているだろう。「半導体の女王」と言われるリサ・スー（ＡＭＤのＣＥＯ）は来日時の日本経済新聞の取材に対して「３～４年で年率50％成長する」と発言し、ボストン・コンサルティング・グループは「数年以内に17兆円のＡＩ市場が展望できる」と予測した。

日本人は半導体を経済的視野からだけ眺めて「産業のコメ」と位置づける。欧米ならびに中国の認識は「戦略物資」である。

半導体の頭脳部分を寡占する米国から見れば、台湾、韓国、日本は半導体の生産拠点、下請けである。

東西冷戦が終わって、ウクライナ戦争では新しい東西（日米欧vs中露）戦争に明け暮れているように見えるが、実際のところ、これは東西半導体戦争なのである。半導体の脳幹を設計する世界一はアームで、秋にウォール街に上場し、時価総額で８兆円あまりを調達、アップル、サムスンも出資して今世紀最大の新規株式公開となった。

世界半導体戦争の戦略立案は米国が主導権を握っている。設計は英国と米国が行い、製造装置は米国、日本とオランダ籍の多国籍連合。シリコンウエハーなどの材料は日本。中国の強みは原材料のレアアースとレアメタルだ。製品の加工と輸出で成長してきた中国の弱みは半導体を自製できずに外国から買わなければならないことだ。半導体製造装置は厳格な輸出規制があって中国の半導体自給はきわめて難しくなった。ロシアも同様である。しかし半導体の製品そのものは、西側の規制をかいくぐって中国、トルコ、そしてモルディブ経由でロシアへ流れた。

次世代のコンピュータはもっと小型化し、データは大英博物館並みか、それ以上になり、スピードは想像を絶するほど迅速になる。その中核技術は半導体開発競争の進展にかかっており、最も注目されるのがＡＩである。スーパーコンピュータの演算速度をスマホ程度の小型機械がこなすようになるのだ。

そしてスパコンが一万年かけて行う複雑な演算を量子コンピュータが出現すると3分に短縮される。こうなると現段階で犬の脳みそほどのＡＩが、ついに人類を越えてしまう可能性がある。「シンギュラリティ」の恐怖が語られてから久しいが、いよいよ目の前の脅威となったのだ。

「シンギュラリティ」はＡＩが人類の知能を超える「技術的特異点」を意味し、アメリカ人数学者のヴァーナー・ヴィンジと思想家のレイ・カーツワイルが提唱した。２０４５年が想定されている。

人類はどこへ向かっているのか

日進月歩というより「秒進分歩」の半導体開発は三年以内に2ナノ（ナノは十億分の一）のレベルに到達する。

すでに碁・チェスのチャンピオンをＡＩの「アルファ碁」が負かした。無人機（ドローン）はＡＩの判断で目標を判断し攻撃する。この先に何が起こるかと言えば、ＡＩが人間を支配し、戦争はＡＩ搭載のロボット兵士が自律的判断で展開することになる。ＡＩを構成する半導体の開発進展は止まらない。

現時点でのロボットの頭脳はネズミ程度だが、２０３０年にはサル並みとなり、２０４５年に人間レベルに達する。だからこそ私たちはここで立ち止まって考えなければならない。

現代哲学者として世界的に著名なマルクス・ガブリエル（ボン大学教授）は「ＡＩは『異星人の知性』だ」として次の警告をした。

「わたしたちの理解を超える存在を、人間が生み出したことにおそろしさがある。ＡＩは人間が生み出した機械で卓越したゲームには勝利したかもしれないが、チェスや囲碁を発明できはしないのだ。機械は自律的には何も出来ない。だからＡＩの脅威とは悪用である。独裁、犯罪に転用されるＡＩで人間の悪が増強される」

ロボットはチェコの作家、カール・チェペイクが最初に用いた語彙で、人間に備わった喜怒哀楽がない。第六感、すなわちインスピレーションがない。映画『ターミネーター』の機械は人間の笑いや涙が判らなかった。その映画監督のジェイムズ・キャメロンも「ＡＩが武器化したら世界は危険に晒される」と警告している。

情緒が理解出来ないロボットが生成ＡＩを搭載し、その機能が飛躍的に発達していくとしても、優雅な俳句や和歌を詠んだり、雅《みやび》な小説の真似事は出来るだろうが、人間の精神世界を揺さぶる芸術を生み出せる筈《はず》がないだろう。だが人間とて、その英知、智恵は古代のソクラテス、プラトン、アリストテレスや孔子、孟子のレベルを超えてはいない。

昭和四十九年（１９７４年）に小林秀雄は国民文化研究会が毎年、有為の学生や若者を集めての合宿勉強会に講演におもむき、「信じることと知ること」と題して次のように言われた。

「僕らが生きてゆくための智恵というものは、どれだけ進歩していますか。たとえば論語以上の知性が現代人にありますか。これは疑問です。僕らの行動の上における、実生活上の便利さは科学が人間の精神を非常に狭い道に、抽象的な道に導いたおかげだと言えるでしょう。そういうことを諸君はいつも気をつけていなければいけないのです」

（『国民同胞』、令和五年七月十日号に再録）。

「米欧台韓日＋印以」vs「中国＋露」という対決構図

本書は半導体に関する多くの書物の類似を新データで補う意図はない。技術分野や起業家の経緯や現代のテーマはすでに多くの専門家によって指摘されている。やや視野狭窄と言える技術分野のディテールはテクノロジストに任せたい。企業戦略の視野だけで半導体戦争を捉える分析には国家安全保障を基軸とする地政学的視点が乏しい。

問題はこの半導体戦争の仕掛け人、黒幕の戦略が奈辺にあるのか。国際情報のアングルからの追求である。

もっと露骨に言えばアメリカの意図は何か？　これからの国際地政学はどうなるか、である。

とくに半導体戦争ですでに敗色濃い中国のその後がどうなるか。

従来の議論はともすれば技術産業世界での比較を基軸とする地政学が基軸だった。本書では、アングルを変えて、国際政治における半導体戦争という新しい立体的な地政学の本質を見きわめたい。

大まかに眺めれば、半導体戦争は東西対決である。米欧に台湾、韓国、日本勢が加わったブロックにインドとイスラエルが加わろうとしており、かたや欧米日から技術を盗んで猛追をしてきた中国という不気味な存在。つまり「米欧台韓日＋印以」vs「中国＋露」という構図である（「印」はインド。「以」はイスラエル）。

一方で西側の半導体競争の世界にも熾烈なバトルがあり、ＣｈａｔＧＰＴをめぐる主導権争いや通信のシェア獲得戦争にウォール街のベンチャーファンドが絡む複雑系である。ジョー・バイデンの米国がいかに中国をハイテク禁輪で封じ込めると言っても西側の関連企業すべてが賛同しているわけではない。

生成ＡＩはイーロン・マスクが「エックスＡＩ」を設立して、グーグルならびに「オープンＡＩ」（マイクロソフトが出資）、エヌビディアの競合状況に殴り込んだ。マスクは「アルファ碁」の開発者ら多くの逸材を引き抜き、熾烈な開発戦争に参戦している。

ＡＩ文明と精神世界は融合できるのか？

マスクの言い分には「宇宙を理解する」という意味不明の語彙が含まれ、「人間と同様の感性や思考回路をもって答えを出す汎用人工知能を作ることにより人類の未経験の問題を解決する」と発言している。

いったいそれは何なのか？　ただし、サム・アルトマンが率いるＣｈａｔＧＰＴの「オープンＡＩ」に対してマスクは「安全に顧慮していない」と批判した。それは「オープンＡＩ社」のバックにいるマイクロソフトへの痛烈な批判でもある。というのも次の事件が安全への憂慮を物語るからだ。

ウォールストリートジャーナル（２０２３年7月21日、電子版）は、「中国と見られるハッカーらが米国のニコラス・バーンズ駐中国大使の電子メールを攻撃し、数十万件の米国政府の機密メールが侵害された」と報じた。

国務省の東アジア担当次官補ダニエル・クリテンブリンクのアカウントもハッキングされていた。中国のハッキングが、「バーンズ氏とクリテンブリンク氏の受信箱から、バイデン政権高官らの最近の一連の中国訪問計画に関する分析、デリケートな外交を展開中に米国の政策に関する内部会話を収集することが出来た可能性がある」とした。

クリテンブリンク次官補は五月のアントニー・ブリンケン国務長官の中国訪問に同行した。このクリテンブリンク次官補、バーンズ駐北京大使、ブリンケン長官は中国高官や習近平主席との会談に出席した。

このハッキングの手口がマイクロソフトのクラウドコンピューティングの欠陥を利用して行われたものと判明した。マイクロソフトは侵害の詳細を発表せず、「調査を継続している」とだけ述べた。

アップルの創始者、スティーブン・ジョブスは、日本の木版画の浮世絵や設楽焼などの素朴な、端正な陶器に異様な関心を示した。

もっと長生きしていたら、ジョブスはおそらく縄文土偶や火炎土器に深甚な興味を抱き、発明を人間の知恵との宥和《ゆうわ》に持って行っただろう。ベジタリアンで日本食が大好き、ライバルのビル・ゲーツも日本に惹かれ、軽井沢の別荘には檜風呂をしつらえるほどの凝りようだった。

ジョブスは天才的発明家にしてアイフォン、アップルなど文明の利器の牽引者だったが、なぜ日本精神の極致を代表する美術品に惹かれたのか？

このあたりにＡＩ文明と精神世界との融合がはかれる謎が隠れているのではないか。

半導体戦争！　中国敗北後の日本と世界　目次

第四章 台湾有事となると、半導体生産拠点はどこへ？

第五章　壮絶無比、技術競争の現状

第一章

半導体の技術首位は台湾のＴＳＭＣである

プーチンは見抜いていた

「AI（人工知能）を制するものが世界の次の覇者になる」と、ロシア大統領のウラジーミル・プーチンが言った。ウクライナ侵攻前のことである。

AIの進歩は迅速な次世代半導体の開発にかかっている。レースを諦め前線から降りていた日本が突如、官民一丸となった返り咲きを狙い始めたことも開発スピードに拍車をかける。

しかし半導体に対して日米の認識に天地の差がある。

「産業のコメ」と位置づけて市場重視、費用対効果、シェア競争を重視する日本に比べると、米国の認識は「戦略物資」だ。とどのつまり「国家安全保障」である。この日米の認識の乖離《かいり》（パセプション・ギャップ）をまず最初に指摘しておきたい。

近未来の世界経済、とくに技術開発を占う上で一等重要な技術は半導体である。生成AIもChatGPTもスマホもEVもエアコンもドローンも何もかも、半導体が中枢部品である。

製造工程を見ると、ウエハーの原材料、必要とされるレアアース、レアメタルから成膜、エッチング、研磨などの過程に不可欠な加工材と半導体製造装置が要になる、チップの設計と優秀なエンジニア。1つでも欠けると半導体は供給不足となってサプライチェーンが寸断される。これらは現在のところ、世界分業体制となって不思議なバランスで整合性が保たれてきた。ところが2023年8月、中国の原材料輸出制限が発動され、供給体制に亀裂が入った。

生産技術のアジア偏在、ウエハーの日本、原材料の中国偏在、頭脳の欧米偏在が深刻な問題である。しかも米国はこれらの一元化を狙っている。半導体戦争の黒幕＝米国の窮極目標は設計から販売までの一元化である。米国集中を目的に「AIの覇者」として世界に冠たるヘゲモニーを維持しようとしており、そうはさせまいと息巻く中国との対立構造がますます鮮明になってきた。

日本の関係者の話を総合すると、日本の目標は技術覇権の確立ではなく、サプライチェーンの再構築に主眼が置かれている。コロナ禍のときにサプライチェーンが機能不全に陥り、クルマもスマホもパソコンも医療機器も半導体不足のため通常の生産が出来ず、電化製品の生産にも大きな支障となったことを思い出したい。新車は数ヶ月待たされ、トヨタも日産も一部の工場を止めたため中古車が値上がりしたほどだった。ここにルネサスの基幹工場である那珂工場の火災が加わってエアコン等も入荷待ちとなった。拙宅でもウォッシュレットの買い換えに半年も待たされた。日本の産業界はハタと気づいたのだ。壊滅寸前の日本の半導体を生き返らせなければならない、と。

日本のものづくり態勢が惨めな状態に陥った現実を、日本政府が遅ればせながら再認識するにいたった。

そこに米中対決が加わった。ハイテク技術封鎖とは根本的に新世代半導体を中国に渡さない、作らせない、ソフトも設計図も供与しないと米国は対中スタンスを百八十度変更した。それまで米国政権高官たちの北京詣でが激しく「G2」「ステークホルダー」「戦略的パートナー」などと中国を激賛していた。

米中関係は蜜月だった。あの中国への大甘だった過去が嘘のようだ。

躍進めざましくハイテクで猛追してきた中国に対して米英が基軸となって日本、韓国、台湾、インド、イスラエルを仲間に引き込み、安全保障の連携を強化する一方で、次世代半導体競争でも優位を保とうと対中政策を変えた。これぞ地殻変動的な「半導体地政学」の本質であって司令塔はホワイトハウスである。ほかの政策では共和党と民主党は水と油の関係にあってもドナルド・トランプ前政権とバイデン政権の間に、半導体戦略では齟齬《そご》がない。この点に留意するべきだ。

次世代技術は中国に渡さないばかりか、盗まれないために様々な防御措置を講じる。ハッカー対策にも各国が連携して本腰を入れ始めた。お花畑の日本はスパイ防止法がないと欧米の仲間からはじかれる。このため種々の法改正が進んだ。

ところがこの急激な米国の方針転換に、本来民主党支持の多い米国内半導体メーカーから反論が出て内ゲバ状態となった。

2023年7月17日にホワイトハウスで重要な会議が開催された。

当該会合には米国を代表する半導体企業トップが集まり、バイデン大統領ならびにブリンケン国務長官、ジェイク・サリバン大統領補佐官らと協議した。非公開だった。インテルCEOのパット・ゲルシンガー、エヌビディアCEOのジェンセン・ファン（黄仁勳）、クアルコムCEOのクリスティアーノ・アモンの三名が出席した。

米半導体大手の首脳らはバイデン政権の対中輸出規制の影響がマイナス方向で著しく、新規制導入の前に一時停止すべきだと真っ向からバイデン政権と方針と異なる見解を述べたことが後日判明した。米企業の認識では「国家安全保障」を前年に押し出しながらも、米国政府による中国市場へ出荷抑制は業界のパワーを弱めており、AIやハードウエアの輸出を制限する現行規則に反対。なぜなら中国のAI開発を遅らせるという「成果」を達成していないからだ、とした。

インテルのゲルシンガーCEOは、サリバン補佐官やブリンケン国務長官らに対して、

「中国取引の制限は、チップ生産を米国に戻すというバイデン氏の主要政策をむしろ危険にさらすことになる」とホワイトハウスとは百八十度異なる分析を展開した。

「中国顧客からの注文がなければ、インテルがオハイオ州に計画している新工場の複合施設のようなプロジェクトを進める必要性は大幅に減るだろう」

ゲルシンガーは続けた。

「現在、インテルの中国向け半導体輸出の25%から30%を占めています。市場がなくなると、新しく建設する工場は要らなくなる」

クアルコムは収益の60%以上が中国、とくにシャオミ（小米）のスマートフォンに部品を供給している。エヌビディアも中国市場の売上高は全体の五分の一である。

もっと現実を見るとＴＳＭＣ（台湾積体電路製造）は売り上げが急減し、株価が10%下落した。日本のキオクシアは生産を三割減産した上、岩手県北上市に建設中の新工場の稼働を一年遅らせるとした。

報復に出た中国

中国は報復に出た。

2023年8月1日からガリウムとゲルマニウムの輸出を規制し、許可制とした。次にレアアースの輸出禁止を準備している。こうすれば世界的にサプライチェーンは機能しなくなり、西側の対中制裁効果が稀釈される。

ただし欧米は、やや楽観的に中国の禁輸の影響度を分析した。ビート・ファム太平洋協議会アフリカセンター所長は「バイデンですら環境保護団体の圧力を無視してレアアースの米国国内鉱山の採掘を認めたし、新素材開発が代替材料になりうる。以前の経験に懲りた西側はすみやかに対応システムを構築できる」とする。

バイデンの対中半導体輸出規制強化以後、世界の半導体は設備投資、新工場増設、新設に踏み切って十数兆円の補助金も乱舞する状況だが、その一方で売り上げが急減している。

他方、中国半導体の最大手SMICは5G半導体を製造しているが、旧型の製造装置を、彼ら独自に改良した装置で生産しているらしい。中国は、「ならば自製で半導体製造装置も作ってみせよう」とすでに中国政府系の「上海微電子装備」が28ナノ製造装置に成功したという情報が駆け巡っている。

半導体製造装置の開発は政府系の「北方華創科技集団」（NAURA）が関連企業400社が集まった業界会議で「対中包囲網突破で団結」を謳《うた》った。「2035年までに中国は半導体製造装置の70％自製を達成する」と大目標を掲げた。このNAURAは半導体機器、真空機器、リチウム電池機器、精密部品、半導体、新エネルギー資源、新素材を製造しているが、軍事産業のため企業規模は非公開である。

「出来っこない」と中国のパワーを裁断するには早い。12年後の目標である。いまから12年前、中国はよちよち歩きでEV開発の試作品を作った。12年後、中国のEVは世界一の量産態勢にある。しかもEVの輸出国である。

かくして従来的思考の範囲、平面的な通商、貿易摩擦、特許競争のパラダイムを越えて、国家安全保障が濃厚にからむのが今後の半導体戦争の特徴である。

米国に潰された日本の半導体産業

わが国の半導体産業の凋落原因は何ゆえか。

第一に、日米通商摩擦の犠牲となったこと。クルマの「自主規制」に続いて半導体が米国の攻撃目標とされ、「日米半導体協定」を無理矢理締結させられ、手足をもがれた。ずばり言えば、日本の半導体産業は二十年前に米国によって潰されたのだ。議会に働きかけ日本の競争力を弱体化させようと水面下のロビィ活動を展開したのが1977年に設立された「米国半導体工業会（SIA）」である。この組織が黒幕だった。

第二に、米国が先端技術を日本の頭越しに韓国と台湾へ供与し、奨励したこと。明らかに日本の競争力を衰退させる目的だった。言いがかりに近いダンピング提訴もさりながら、日本が課せられた数値目標が大きな障害となった。米国はこれで日本は再び立ち上がれまいとほくそ笑んだ。まるで戦後ＧＨＱの日本非武装化と同じ発想だったのだ。

第三に、アナログからデジタルへの変換が起きていたが、既存の業績に振り回された日本企業の対応が遅れた。日本は高品質にこだわってデジタル方面の対応が後手に回った。日本の電化製品が世界的ベストセラーとなっていて、経営者には「その次」を真剣に考える余裕もなかった。

第四に、ビジネスモデルの変更である。簡単な例を挙げればテープレコーダーの小型化とウォークマンの登場で関連の産業分野が広がり、磁気テープのＴＤＫや３Ｍの全盛が一時期出現した。ヴィデオでもＶＨＳかベータマックスかで熾烈な競争を展開している間に、ビジネスモデルはＤＶＤへと移っていた。デジタルカメラのブームは忽然と去ってスマホの画像がデジタルカメラより高画素となった。スマホとパソコンの商戦で日本がシェア拡大競争に明け暮れている間に生産方面はまったく乗り遅れた。アップルはほぼ全量を中国で生産していたのだ。皮肉なことにその組み立ての主力工場は台湾人経営のフォックスコン（鴻海精密工業）である。

例えば、バブル時代に繁栄を謳歌したマスコミ、とくに新聞とテレビの凋落ぶりを見ればわかる。

インターネット、ユーチューブという新兵器が新聞の部数激減を招来した。大新聞各社は軒並み数百万部から数十万部も部数を減らし、保有不動産を売却して早期退職者を募り、それでも明日を知れぬ衰退傾向である。出版界は老舗の月刊誌『現代』『宝石』や『週刊朝日』の休刊が象徴するように多くの雑誌が休・廃刊に追い込まれ、また単行本の初版部数は往時の三分の一以下となった。全国で書店数は半減し、とくに若者は新聞もテレビも見ない。スマホだけで用を足している。

国際通信でも同じ傾向があり、電報も国際電話も廃れ、テレックスとワープロは無用の長物となり、書類は郵送ではなくネットで送り、メッセージは文字通信となった。そして画像も送れる時代、既存の新聞紙はいずれ淘汰される懼《おそ》れがある。

ワープロ一号機は畳一畳分だった。富士通のワープロを真っ先に外交評論家の加瀬英明がオフィスに導入し、しかも一週間講師が派遣され、ああだこうだと講釈していたが、とても操作方法が複雑だったので解約した。そのワープロが短時日で小型化され、卓上で操作してフロッピィに記憶させる。編集者とのやり取りは、「フロッピィで送ってください」となった。自筆原稿を速達書留で送っていた（あるいは編集者が取りに来た）時代から比べると「革命的な進歩」だった。ワープロをすぐに取り入れたのは悪筆で有名な石原慎太郎と、時代捕物帳で主人公たちの名前がやたらい長いのを簡略ボタン一《ひと》つで済むと言っていた有明夏夫（直木賞作家）だった。

電話機はスマホになったが、その前はガラケー、その前は重たい携帯電話か、自動車電話だった。今日《こんにち》のスマホは機能がやたら多く、電話に録音に画像収録に万歩計、そしてグーグルの検索から飛行機のチケットまで代行する。

第五に、「失われた二十年」が三十年となって、日本企業は新分野への開拓を怠り、内部留保の積み上げに明け暮れ、次の技術研究と開発に消極的だった。エンジニア重視の伝統が希薄となった。国産ロケット「イプシロン」の打ち上げ連続失敗を見よ。令和四年に固体燃料ロケット「イプシロン6号」が打ち上げ失敗、同年、月面着陸を目指していた探査機「OMOTENASHI」が通信途絶、令和五年三月、大型ロケット「H3」が打ち上げに失敗、四月に「アイスペース」の月面着陸失敗、七月、小型固定燃料ロケット「イプシロンS」の二段目エンジンの燃焼試験が爆発と、失敗続きの醜態を続けている。

その上、優秀なエンジニアは外国企業に引き抜かれた。替わって躍進した台湾と韓国勢は米国にR&D（研究開発）センターを設立し、米国の大学の理工学部卒の優秀なエンジニアを高給で召し抱え、瞬く間にのし上がったのである。

エリクソンとノキアはかつて携帯電話の王者だった。もともと両者は通信施設、地上局設備など通信のインフラを担い、携帯電話にも進出したが、価格でサムスンと競合しているうちに中国製スマホに市場を奪われた。

ノキアはマイクロソフト傘下となり、往時の面影はないが、地上局設備などで欧州が中国のファーウェイ（華為技術）排除を決めたので基礎的なビジネスは維持されている。両社ともに半導体は製造していない。

七割シェアを誇った日本の半導体

順番に見ていこう。

１９８６年９月に日本政府と米国は「日米半導体協定」を締結した。半導体に関する日米貿易摩擦解決をめざす条約レベルの約束で、第一次日米半導体協定（１９８６年〜１９９１年）と第二次日米半導体協定（１９９１年〜１９９６年）によってわが国の半導体開発の劣化が決定的となった。ブッシュ・シニア政権からビル・クリントン政権の時代である。

１９８１年に世界市場の七割ものシェアを誇っていた日本の半導体は半死状態に陥った。

1970年代後半から日本の半導体の対米輸出が増加し、米国内に反日感情が醸成され、米産業界と議会には「日本脅威論」が強まって、全米に日本への嫉妬と反感と嫌悪が混ざり合った感情が広がった。それ以前、世界ランキングの1位はTI（テキサス・インスツルメンツ）、2位がモトローラ、3位はフェアチャイルドといずれも米国企業だった。当時、筆者は貿易会社を経営していたので、米国へ輸出していた品目は弱電部品や電気雑貨が主だった。したがってTI、モトローラ、フェアチャイルドなどは巨《おお》きな存在だった。

この時期に日本が襲われたもう1つの要素は過度な円高である。

貿易業者、総合商社、輸出メーカーなどにとっては「想定外」の方向から経済上の交易条件が変わった。この通貨戦争も米国が巧妙に狡猾に仕掛けた。日本の雑貨、高級衣料、電化製品、電機部品など国内で製造してもコストが合わなくなり、機械ごと台湾、香港、フィリピンなどへ移した。筆者の取引先の多くは機械を海外へ移転するか、廃業した。政治家と官僚たちの無能！

1985年のプラザ合意に前後して、半導体不況で米国メーカーの業績が悪化し、多くが半導体事業から撤退した。米国半導体工業会が日本に言いがかりをつけた。米国半導体工業会（SIA）は1977年設立の業界団体、本部がシリコンバレーではなく、ワシントンDCにある。つまり政治ロビィイングの圧力団体の1つである。

このロビィスト団体が「日本の半導体メーカーが不当に半導体を廉価販売している」とダンピング違反をUSTR（米国通商代表部）に提訴した。

この時期（1986年）の半導体の売上ランキングでは世界1位がNEC、2位が日立製作所、3位が東芝、4位にかろうじて米国モトローラ、5位がTI、6位がフィリップス、そして日本勢に戻って7位が富士通、8位がパナソニック（松下電器産業）、9位が三菱電機で、米国のインテルは10位だったのである。

ところが2022年のランキングを比較すると次のように業界地図が塗り替わっていた。半導体の世界シェア（売上高）ランキングは1位がインテル、2位がサムスン、3位がTSMC、4位がSKハイニックス、5位がマイクロン、6位クアルコム、7位ブロードコム、8位エヌビディア、9位テキサスインスツルメンツ、10位にインフィニオンと、日本企業は十傑に入っていないのである。

「中国脅威論」が日本を巻き込む大投資作戦に転換した

米国は貿易赤字を自らの努力不足や工場の非効率を無視し、とくに労働者に怠けものが多く、勤務の質が悪いのを棚に上げて「米国は競争力を持ちながら、日本市場の閉鎖性によって対日輸出が増加しない」などと論理的矛盾をかまわず声高に主張した。

あの頃、ワシントンDCへ行って親しいアメリカ人（多くが知日派だが、経済摩擦では反日的だった）に会うと、ウォークマンの新型、キヤノンのカメラを欲しがった。雑誌の取材で謝礼に（とくに著名人とのインタビューで米国では謝礼金を受け取らない）、ニコンかキヤノンのカメラが喜ばれた。

米国にとって半導体の位置づけは日本のような「産業のコメ」ではなく「軍事技術の根幹」という認識であることは述べた。それゆえ国内の半導体産業の苦境は国家安全保障上の脅威とする地政学的覇権を意識する発想に短絡する。実際にジェット戦闘機、ミサイルなどの製造には高度な半導体部品が必須である。将来の無人潜水艦、超音速ミサイル、攻撃用ドローンなどに必須だからこそ欧米と中国は次期半導体開発に血眼《ちまなこ》となるのだ。

第二次半導体協定が日米間で締結され、「日本の半導体市場における外国製のシェアを20％以上にすること。日本の半導体メーカーによるダンピングの防止」が謳われた。この日本政府の安易な協定合意によってNECがまず失速し、米国インテルが1位に躍進した。DRAMのシェアでは韓国のサムスンが日本メーカーを抜いた。日本の半導体産業は決定的に弱体化させられた。同時期にIC（集積回路）が高度化し、ビジネスモデルはパソコンに移行していた。ワープロは過渡的な技術に過ぎなかった。筆者の書斎からもワープロは消えた。中味のソフトはビル・ゲーツらのマイクロソフトが独占し、アイフォンやパソコンはスティーブン・ジョブスらのアップルが牽引した。

ＮＥＣと日立製作所は合弁でエルピーダメモリーを立ち上げたが、奮闘及ばず経営破綻、米マイクロンに買収された。鳶《とんび》に油揚げをさらわれたのである。

舞台は唐突に変わった。

いま、世界的規模で半導体製造企業の熱狂的な投資が展開されている。「一度にこんなに手を広げて大丈夫か」と驚くほど過激にして壮大な投資状況である。

というのも２０２０年に生産された半導体チップは１兆３００万個だったが、２０３０年には２兆個から３兆個に膨らむと予測されるからだ。

インテルは米国内のニューメキシコ州リオランチョに35億ドル（７００人雇用）、オハイオ州ニューアルバニーに２００億ドルを投資し、３０００人のエンジニアを雇用するなど二つの工場を新設する上、ドイツ、イスラエルに数百億ドルを投資すると発表した。

マイクロンはインドと日本に進出するほか、米国内ではオレゴン州グレシャムに8億ドル投資して工場新設、ニューヨーク州クレイに２００億ドルを投下し、９０００人規模の新設工場。マイクロンはカリフォルニア州に二ヶ所のＲ＆Ｄ（研究開発）センターを持つが、これらに加えてテキサス州オースティンほか、ミネソタ州ミネアポリスにもR&Dセンターを持つ。

老舗のTI（テキサス・インスツルメンツ）もユタ州リーハイに110億ドル（800人）、テキサス州リチャードソンに60億ドル、同州シャーメンに300億ドルの新設工場を建設するといった具合である。

半導体製造で世界一のTSMCは米国、日本のほか、本丸の台湾で新しく三ヶ所に新工場だ。韓国サムスン、SKハイニックスも負けてはいない。とくにサムスンはテキサス州オースティンの研究センターに加えて同州テイラーに173億ドルを投資して新設工場の投資拡大を決めた。

これらの大規模な投資は米連邦政府が巨額補助金を用立てするからだ。

補助金には①政府の直接的資金供給、②好条件での融資、③債務保証、④減税ならびに起業の社内保険料の減免、⑤出資形態の資金注入などの方法が取られる。本来なら補助金はWTO違反である。

だが、「安全保障を除く」とする例外規定があって、バイデン政権は10ナノ以下の半導体すべてを対中禁輸として、「安全保障上重要な戦略物資」という位置づけに変更した。

このチャンスを逃すなとばかりに各社がダボハゼのように補助金に便乗したのである。バイデン政権が提示している補助金は、向こう十年間で270兆円にのぼる。

遅すぎたかもしれない

ならば日本は？

日米半導体協定で数量制限を強いられ、壊滅状態に陥った日本ではNEC、東芝などが半導体から撤退した。ところがコロナ禍でサプライチェーンが機能不全となって半導体不足に悩まされた。ライン停止、納期遅れは幾多のビジネスチャンスを失った。

そこで日本政府は補助金を増やして、起死回生に動き出した。欧米の動きに呼応したかたちである。2023年秋時点で1兆円、二年以内に2兆円に達する補助金を政府が決断した背景には、国際情勢の劇的な変化がある。

NTT、ソニーなど日本企業八社が73億円を出し合って2022年に設立したラピダスに政府は破格の3300億円を拠出する。この会社はまだ、半導体を製造していないどころか、北海道千歳市の美々工業団地で土木基礎作業を始めたばかりである（2023年9月現在）。

新規事業に消極的だった日本政府がころりとスタンスを変えた背景に、米国企業と政治家の影がちらつく。この黒幕は誰だろう？

ラピダスの投資総額は少なく見積っても1兆円規模となり、エンジニア千名を呼び込み、2027年から最先端半導体を製造する。産業界も証券界も大きな期待を寄せるのは将来の夢があるからだ。

ところが日本の経済論壇はラピダスの成功に懐疑的なのである。

ラピダスに否定的な論調が経済論壇を支配している。例えば、技術ジャーナリストの湯之上隆は「ラピダス『2027までに2ナノをつくる』なんてできっこない！」と断言し（『半導体有事』文春新書）、大前研一は「この国策プロジェクトは失敗する」。理由は「IBMが自己の投資リスクを避け、持ちかけた話で（中略）、IBMが本気かどうか判らない」などの理由を挙げた（『プレジデント』2023年7月14日号）。

例外的に前向きな評価を下すのは「高価値の専門AIで勝負できる」とする黒田忠広（東大大学院教授）と元『週刊東洋経済』編集長の勝又壽良である。勝又はIBM支援が本物であり、すでにNYのIBM半導体研究開発拠点「アルバニー・ナノテク・コンプレックス」に日本人技術者が相当数派遣されているが、加えて「NTTは光で半導体チップの信号処理を行う革命的な光電融合デバイスを開発し」た。その上、「IBMは日本国内に量子コンピュータの実機を設置して」いるので「2035年ごろには量子コンピュータはＡＩと結び」つくだろうと前向きな予測を展開する（『ＷＩＬＬ』、２０２３年九月号）。

前者二人のように日本人としての自信喪失的な見方は戦後にはびこった自虐史観に基づく。ＧＨＱの洗脳政策に脳幹が侵された結果、戦後の日本人を支配する敗北主義が基軸にある。新幹線を誇りウォークマン、デジタルカメラで一人勝ちだった技術ナショナリズムがいまでは徹底的に否定されている。政治、歴史論はともかく経済技術の分野にまで自虐史観が及んでいる事態は衝撃である。

他方、製品ボイコット、半導体製造装置の供与禁止など米国主導の制裁でにっちもさっちも行かなくなった中国は次世代半導体開発に絶望的な展望しかない。加えて紫光集団は債務不履行、中芯国際集成電路製造（ＳＭＩＣ）など数社を除いて工場のラインは停まり閑古鳥、工業団地にペンペン草……。

ところが、中国企業はうちひしがれていないのだ。周恩来は「国民はパンツ一枚になっても原爆を作る」と豪語し、軍事力で米国と肩を並べるまでに肥大化させた中華思想の自信がある。

習近平は七月初旬に江蘇省ハイテク製造地帯などを急遽視察した。折しもジャネット・イエーレン米財務長官が北京入りし、李強首相と人民大会堂で会談していた。イエーレンは「米中関係はデカップリングではなく、公平なルールに基づいた良性の競争を求める」

と意味不明の言動、李首相も「中米が正しいつき合いを出来るかは人類の将来、運命に拘わる」などと大げさなことを言い出し「協力の強化は正しい選択だ」とこれまた歯の浮くような言葉を返した。

イエーレン訪中など李強首相に任せ、習近平は江蘇省各地を巡回した。まずは江蘇省蘇州のハイテクパークに出現し、次いで南京の「紫山金実験室」を視察した。ここにはチャイナ・モバイルと復旦大学共同の6G研究センターがあり、中国の通信技術の最先端である。

「紫山金実験室」はとくに重要なR&Dセンターで無線通信を6Gの新しい方向として、国内をリードし、世界で一流のテラヘルツフォトニクスの実験基盤を構築した場所。ほかに習近平は蘇州のNARIテクノロジー（南瑞集団）を視察し、電力の新しい発電送電蓄電技術などを視察した。

こうした習近平の一連の視察で明らかなことは、光ファイバー技術ならびに5Gの通信容量から、6Gへの飛躍ぶりを把握することにあった。5Gの基地局において世界一の座にあったファーウェイとZTE（中国通訊）は、米国の制裁に遭遇して転落し、復活をかけての国家プロジェクト現場で発破をかけたということだろう。

かつてソ連はドイツ人科学者を大量に拉致し原水爆開発に従事させた。スプートニクは米国より先に打ち上げた。

中国には半導体でも苦境を乗り越え、自給体制を確立するという（実現できるか、どうかは別として）意思だけは確固としている。

交通事故で死んだAI開発の大佐

もう1つ、刮目すべき事件が起きた。

中国人民解放軍のなかでAI開発に辣腕を発揮していた一人の大佐が急逝し、7月15日に八宝山革命墓地で葬儀が行われたと『サウスチャイナ・モーニングポスト』が報じたのだ（2023年7月17日、電子版）。

このプロジェクト指導者は軍事シミュレーション用AIのソフトウェア開発を担った馮陽河大佐で享年38歳という若さだった。死因は交通事故。そもそも八宝山で葬儀が催行される「資格」とは軍人なら元帥、将軍、軍事委員会有力委員が対象である。中級将校ごときが八宝革命墓地に葬られたことは軍から異例に評価されたことになる。すなわち軍におけるAI開発への多大な貢献が認められたのだ。

ならば馮は何を開発したのか？　馮陽河は湖南省長沙にある国立国防技術大学の准教授

だった。この大学は米国のブラックリストからは漏れているが、「211プロジェクト」「985プロジェクト」など内容不明の研究に加え、スパコン「天河」シリーズの開発で知られる。天河は2013年から二年間、スパコン演算速度で世界一を記録した。

人民解放軍が共同訓練をシミュレートする目的で使用するAIプログラム「ウォースカル1」と「ウォースカル2」の開発チームを率いた。憑は2011年から2013年にかけて「共同訓練プログラム」の一環としてハーバード大学で統計学を、アイオワ大学で高性能コンピューティングを学んだ。米国が中国を「戦略的パートナー」などと持ち上げていた頃である。2014年に博士号。国立国防技術大学によれば憑教授は過去十年間におよそ60本の論文を発表しているという。

日本で発覚した「産業技術総合研究所（産総研）」の研究データ漏洩事件では中国籍の元上級主任研究員を逮捕した。この中国人スパイは「国防7校」の1つ、北京理工大の教授を兼務していた。

権恒道・元産総研上級主任研究員は「フッ素化合物の合成技術に関する研究データ」を盗み、中国の化学製品メーカーに送信していた。

人民解放軍と関係が深い「国防7校」とは、北京理工大、北京航空航天大、ハルビン工業大、ハルビン工程大、南京航空航天大、南京理工大、西北工業大である。現在日本の十の大学が、これら国防七校からの留学生を受け入れていることが判明している。

半導体戦争はかくして世界的規模で始まった。


ロシアも負けてはいない。

AIをテーマに「国際軍事技術フォーラム Army2023」をモスクワで開催（2023年8月）、120を超える科学イベントや商談会が行われた。モスクワ郊外のパトリオット・エキスポ会場のほか、クビンカ空軍基地やアラビノ軍事訓練場など複数の会場で開催だった。2022年の同フォーラムには1500社の企業と政府機関が集まり、3万品目の軍事用ならびに汎用品が展示され、総額6億ドル相当の契約が締結された。

2023年度のテーマには、AIに関する「戦略的リーダーシップと人工知能テクノロジー」が含まれ、会議の議長はロシアのドミトリー・チェルニシェンコ副首相が務めた。

半導体を輸入に頼るロシアがAIで国際的会議を開く意味は何か？　西側が注目している技術の1つはロシアの「神風ドローン」（自爆無人機）だ。実際にウクライナ戦争で多用されており、イラン製の攻撃用ドローン「シャハド136」は1000キロの距離を飛翔し、急降下して目標を爆破する。イランはロシアへの供与を否定している。

当該ドローンは、翼幅2・5メートル、約40キログラムの弾頭を搭載し、巡航速度12

0キロで飛行する。このドローンが塊となって飛ぶためレーダー上では1つの点に映る。航続距離は2500キロとされるが、燃料搭載の上限など制限があり、1000キロ以上は飛べないらしい。

その上、イランはロシアにドローン工場を建設し、6000機の生産計画がある。

ちなみに、日本での国際学会で注目されたのは、同時期に早稲田大学で開催された「国際産業数理・応用数理世界会議（ICIAM）」だった。

ここで留意しておきたいことは、半導体戦争で中国の敗退は現時点ではゆるがない事実だが、これは欧米のゲームルールを元にしたことで、もし新しいルールを、EVが中国独走態勢となったように、中国が策定し、それをグローバルサウスの基準としたら、どうなるかというシナリオがある。

まして9月7日に、中国は半導体育成のために追加で400億ドル（5・8兆円）の補助金拠出を決めた。

第二章

アメリカは何を考えているのか

真空管、トランジスタから半導体開発は開始された

そもそも半導体はトランジスタの発明が嚆矢《こうし》である。

1930年代の米国では、全土に長距離電話通信網を建設中だった。距離によって減衰する音声信号を真空管で増幅していたので、故障や寿命によるトラブルが多かった。

1936年、真空管に代わる固体素子（単体で真空管と同じ働きが可能な電子デバイス）の開発をベル研究所に依頼した。「トランジスタの父」と呼ばれるウィリアム・ショックレーがベル研究所に招かれた。

ベル研究所はショックレーをリーダーに研究チームを発足させ、理論物理学者ジョン・バーディーンと実験物理学者ウォルター・ブラッテンが加わった。第二次世界大戦の勃発で一時的に中断したが、半導体のゲルマニウムに微量の不純物を加えたものを組み合わせると電流の増幅作用が生まれることを発見した。

トランジスタ以前は真空管だった。本書は技術書ではないので、技術の進展は大雑把に説明するに留める。ラジオは元より、初期のテレビの図体が大きかったのは内部スペースを真空管が占めたからだ。子供の頃、よく「ラジオの真空管が切れた」と言われ、電気屋

に買いに行かされたものだった。

トランジスタの本格生産は戦後、1950年代半ばからである。シャルル・ドゴール仏大統領が池田勇人首相の訪仏時に「日本の首相はトランジスタのセールスマン」とからかった話が残る。真空管を使わない小型ラジオが世界市場を席巻した。筆者の父は野球中継を聴くので小型ラジオをいつも持ち歩いていた。いまのパナソニックは当時「ナショナル」というブランドだった。

トランジスタが半導体となってテレビ、ラジカセ、VTR。ウォークマンに繋がっていく。半導体を使った家電製品は日本の独壇場になり、世界を席巻した。ソニーの盛田昭夫は「世界の顔」となって全米で講演に呼ばれるほど有名人だった。余談ながら筆者は、盛田の英語による講演をどこかのセミナーで聴いたことがある。伝法な英語だが、それゆえに判りやすかった。

ウォークマンは世界に何台売れたか。約2億2000万台だった。1979年の第一号から改良に次ぐ改良を重ね2010年代まで売れ続けた。いまではスマホが代替し、イヤフォンで聴いている若者が増えたようにウォークマンの代替わりが出現した。

電化製品からオーディオ・ビデオの時代となると、業界も様変わりした。京セラ、NEC、富士通に加えてニデック（旧・日本電産）、村田製作所、オムロンなど新興企業が日立、東芝、三菱電機の御三家と肩を並べた。

軍事研究所から発展した米国の半導体産業

米国の半導体産業は軍事研究から発展した。

「戦争は発明の母」と言われるように、この軍事の視点を欠くのが日本の議論である。だから世界に通用しない。その上、日本のメディアが実情を伝えないので本質を理解できない技術者が多い。

インターネットがまさにそうだった。軍の通信をネット網として効率化高速化をはかった。1996年までインターネットというボキャブラリーはこの世の中になかった。アトランタのCNNを取材した折に革命的な通信の変化を目撃した筆者は帰国早々、『インターネット情報学』（東急エージェンシー刊、1996年）という本を書いた。ハリウッド映画の原題は『ザ・ネット』（サンドラ・ブロック主演、1995年）だったが、1996年の日本公開では『ザ・インターネット』に改題されて急速に普及した。

米国はミサイルやロケットにトランジスタを使用し、やがて1958年にIC（集積回路）が発明されるとジェット戦闘機や新型戦車にも用いた。1979年にソ連空軍パイロットだったヴィクトル・ベレンコがミグ戦闘機で函館に亡命してきたとき、ソ連の最新鋭ジェット戦闘機とされたミグ25に真空管が使われていた。日米の防衛技術陣はソ連の工業化の遅れにむしろ驚いた。ベレンコはＣＩＡに保護され米国に亡命し仮名と市民権を付与された。２０２２年時点で、彼が米国で存命していることがわかっている。

１９７０年代には米国を中心にコンピュータにＩＣを使うのが主流になり、日本は迅速すぎる変化に追いつけなくなった。ＤＲＡＭは米国がリードしていた。最初のＤＲＡＭは１Kb（キロビット）、それが約3年ごとに４Kbになり16Kbになり４倍ずつ増える。16Kbまでは米国がリードした。64Kbでは日本が米国を追い抜いた。１９９０年代にアナログ主体からデジタル主体へと変化した。パソコンとスマホが半導体市場の中心となった。最初の携帯電話は警視庁捜査陣や新聞記者が使った。自動車電話の普及もあったが、器体は重かった。それが手のひらに載るサイズになり機能が増え、ネットにも繋がり、新聞も読めるほどに技術が進歩した。このレベルの半導体は28～14ナノ程度である。

ルネサスもキオクシアも、自動車、スマホ、電子製品対応で生産しているのは10～20ナノのレベルである。ＴＳＭＣの熊本工場は主に28ナノの汎用半導体を生産するのである。

一方で、台湾のＴＳＭＣは台湾で３ナノ半導体の量産体制に移った。それほど高度な半導体をいったい何に使うのか？

利点はデータ増量と速度である。スパコンが蓄積するほどのデータを小さなチップが内蔵し、もの凄いスピードで機能をカバーする。つまり量子コンピュータの役割を演ずるのである。

「半導体が生み出す新たな価値は、物理空間と仮想空間の高度な融合によるデータ駆動型社会の創出であり、社会課題の解決と経済発展の両立である」（黒田忠広『半導体超進化論』、日経プレミアシリーズ）。

国立図書館の数百万冊の図書が角砂糖の大きさにすっぽり入ったのが現段階のレベルだが、このデータ蓄積はもっと増量され、軍事利用すれば咄嗟《とっさ》に適切な判断が出来るスパコンの代役となり得る。商業用というより軍事力の向上である。例えば、敵のミサイル発射を観測するや瞬時に速度、傾斜角度、到達時刻を測定し、迎撃ミサイルをどの方角、どの角度で打ち出すかという計算ができる先進的なコンピュータを内蔵することになる。

映画『トップガン』をご覧になった読者は、次世代の戦闘機がＡＩ搭載による革命的な機能アップになることを知っているだろう。ＴＳＭＣが次に予定する２ナノ級の半導体は米国が開発中の次期戦闘Ｆ35にも搭載される。それゆえ米国と中国が覇権を争い、日本の

半導体の次世代ナノ競争の現段階（2023年8月時点）

※ナノは10億分の一、ギリシア神話の「ナノス」＝小人に由来

単位	内容
1・4ナノ	世界一の技術を誇るTSMCの研究・開発ラボで、視野に入っている
2ナノ	日の丸半導体「ラピダス」が2027に量産化を計画（千歳に新工場。IBMと提携し、日本政府が3300億円を補助する） TSMCは2025年に台湾の三工場で量産体制へ。米国は批判的。3ナノより高速演算、スマホの電池長持ち。処理能力は15%高まる
3ナノ	すでに韓国サムスンとTSMCが22年から量産を開始している。 コンピューティングの高度化ならびにスマホ用途。米軍機F 35にも採用されるという。軍事的には「AIは瞬間戦争」となり「戦場のDX化」が進む
5ナノ	インテルが開発した最新の画像処理用の半導体（GPU）向け。他用途も開発中だが3ナノへの過渡期製品
7ナノ	すでに2015年にIBMが、米グローバルファウンドリーズ、韓国サムスン電子と提携し開発に成功。 10ナノ半導体は14ナノに比べ50%高性能で、50%低消費電力だが、7ナノは、さらに50%高性能となる。 クラウドコンピューティングやビッグデータシステム、学習能力や情報処理能力を備えたコンピューティング、モバイル製品などに用いられる
10ナノ	自動運転システムなどで需要拡大が見込まれる TSMC熊本工場では当面、22～28ナノ半導体量産だが、10ナノ台の半導体も手がける予定だ。 中国も10ナノ生産が可能といわれる
14ナノ	2013年にインテルが先行したが、TSMCとサムスンが逆転した。 14ナノはアイフォンなどに広大な用途がある
20ナノ台	とくに28ナノは自動車、スマホほか大量の電化製品。つねに巨大市場がある。日本のメーカーはこのレベルに集中している。TSMC熊本工場は、28ナノ半導体を量産する
40ナノ	台湾のフォックスコンがインド企業と組んで半導体製造を計画したが、破談。インド政府はインド企業「ベダンタ」の財務状況を不安視したため奨励金の再検討。もっとも普遍的な技術
60~80ナノ	いまや時代遅れとなった

ように安全保障のお花畑にいる限りは、発想が及ばない。3ナノ、2ナノ開発などと言ってもピンと来ないのだ。蓮舫議員が言った。「2位じゃダメなんでしょうか」。最初からトップを狙わない競争態度では必ず途中で落後するのである。

日常生活も半導体が激変させた

半導体の発展によって日常生活の変化が劇的である。

テレビは超薄型となって壁に嵌《は》め込まれ、複数の画面が同時に、しかもパソコン替わりにもなる。ファックスは無用の長物という人もいるが、物書き、絵描きが原稿を送るときは便利である。いまのファックスは複写機を兼ねる。

クルマに乗れば地図に依存しなくともカーナビが道順を目的地まで誘導してくれる。道路地図帳は不要品となった。タクシーの後部座席ではテレビも見られる。

スマホにデータを入れると飛行機にも新幹線にも乗れるし、喫茶店の会計も出来る。映画館やイベントのチケットも内蔵出来る。自販機から飲料水もスマホの操作で購入出来る時代である。図書館へ行かなくとも古典などは国会図書館に繋がるし、古本屋をほっつき歩いて探した専門書までアマゾンですぐに手配できる。

生成ＡＩが進歩すると、七割の企業が時間短縮のメリットを挙げる。ＮＥＣは資料づくりに平均一時間が15分に短縮された。ＡＧＣはソフト作成時間が六分の一となった。

筆者にとって、まず医療面で半導体の発展によるハイテク医療に御世話になった。四半世紀前、癌検診で肝臓癌と診断され大学病院を紹介されたが、その頃は機械の判定に疑いを持っていたので別の病院でまず一ヶ月の検査入院をした。精密検査でも判らず、切ってみようか（手術）となってイザ腹を開けてみると胆嚢と胆管が癌だった。摘出手術から四半世紀以上を経過したが再発はない。それでも早期発見が遅れると、筆者の友人や後輩の多くが癌で早世した。

還暦を迎えた頃、不整脈がひどくなり某大学病院で精密検査の後、処方薬が見つかり、喜寿になったが不整脈は起きなくなった。年に四回通う定期検診では血液検査とエコー、年に一度レントゲンを撮るが、結果は数値化されて三十分で出て来る。近くの病院だと血液検査の結果が数日遅れるから、この迅速さは素晴らしい。

何しろ居酒屋に入っても、注文はテーブルの置かれたタブレット端末で済む。給仕さんに情緒を感じなくなったのは外国人従業員の所為ばかりではない。

次に検眼のことを書くと、視力測定の器械はデジタル化されたのか、近視乱視の度合いが忽《たちま》ちデータ化され、適切なレンズが加工されて一週間で出来上がる。昔の検眼のレベルが嘘のようである。補聴器だけ遅れが目立つのは検査段階が本人の判断によるため音響の数字化が不正確になるからだろう。

銀行はATMがコンビニにも設置され、銀行窓口は次々と閉鎖された。証券会社も窓口や、或《ある》いは電話の取引がほぼなくなり、コンピュータが個人客も繋ぐ。となると支店窓口は不要となって閉鎖した支店が目立つ。フィンテックである。

三菱UFJ銀行はすでに一分で相手の信用枠を設定し融資枠を決めるが、いずれ量子技術を金融で実現し、与信ポートフォリオの最適化、信用リスク管理の高度化などをはかり、新しい金融サービスを創出させるために量子コンピュータの研究企業に出資している。これらは半導体の高度化で実現する。逆に言えば、銀行、証券の窓口業務に携わった銀行マンは解雇の対象となった。

逆に人出不足が明らかな業態はシステム維持の技術者やレストラン、旅館などのサービス産業である。温泉旅館で食事の部屋出しがなくなり食堂で一括となったのも、人手不足への対応である。四半世紀前までは温泉旅館に着くと女将が挨拶に来た。いまこうした挨拶はない。したがってチップも不要になった。予約は逐一、近くのJTB窓口へ行ったが、これもパソコンで出来る。旅行代理店は大幅に窓口を閉めた。

こうして具体的に日常生活と半導体発展の相関関係を眺めるだけでも、次にいかなるA

I革命が進展するかの予想ができる。

これから人手が余るのが行政、司法書士、役所関連などだろう。反面、人手不足が恒常的に続くのはレストラン、旅館に加えて建設労働者、デリバリー、とりわけ長距離トラック、水道工事、警備、ゴミ清掃、フォークリフト、クレーン操縦、印刷製本、新聞配達、駅の売店販売員……。

スマホの次は無人自動車とロボティクスだろう。ドローン、EV、無人自動車など従来の産業ロボットを越えるものがすでに世界市場でデビューしている。

いずれ無人兵器、すなわちAI搭載の軍事ロボットが登場し、戦争の形態をガラリと変えるだろう。恐るべき近未来図である。現にドローンは遠隔操作で敵を仕留めることが出来る。世界最大のドローン生産国は中国である。トルコやイランのような国々もドローンを量産している事実はウクライナ戦争の過程で判明した。

ウクライナ戦争におけるAI兵器の「活躍」に関しては後節で詳細に考察する。

米国は予告なく「日本見直し」

米国に広がった日本見直し論は2017年1月、トランプ政権の誕生以後、本格化した。

米国の反日的な空気が変わり、半導体産業への見直しが始まった。そこで日本政府が重い腰を上げて新会社ラピダスを民間企業八社連合で設立させた。

２０２７年には世界最先端の2ナノ半導体をめざすという志の高い目標を掲げ、政府が３３００億円を投下することは先述した。劇的な潮流の変化で、当該産業にとっては津波に襲われたような出来事だろう。

また日本政府が４７６０億円の補助金を出すＴＳＭＣの熊本工場は、いきなり追加の第二工場建設も決まった。熊本はおよそ７０００人の雇用が産まれると予測し、経済浮揚のムードに溢れた。

ただしネックがある。半導体の製造工程では大量の「きれいな水」が必要だ。それも水道のように料金の高い水ではなく、豊富な地下水を工業用水としてくみ上げ、用水路や運河などを構築するインフラ建設が必要となる。

ぬか喜びは早すぎた。ＴＳＭＣの本音は異なっていた。

２０２３年6月12日、台湾新竹のハイテク工業団地でＴＳＭＣ株主総会が開催され、報告に立った会長の劉徳音は「３ナノ半導体は台湾の台南工場で、２ナノは（米国アリゾナではなく）新竹と台中の工場で生産する。『次の次の次』の世代の１・４ナノの研究開発ラボも（欧米日でなく）台湾の桃園に置く」と発言した。

次いで7月25日、ＴＳＭＣの魏哲家ＣＥＯは高性能半導体生産に必要な特殊工程の「先端パッケージ」工場を台湾苗栗県にある銅鑼工業団地で生産するため、４０００億円の投資を行うと発表した。新規採用を１５００名、２０２７年量産開始が目標だ。

衝撃はさらに続いた。

7月27日、ＴＳＭＣは２０２５年に２ナノの次世代半導体開発を飛躍させるべく新竹工業団地に新しい研究開発センターを開設した。２０２５年を目標とする２ナノはアップルやエヌビディアが顧客となる。日本の「ラピダス」は世界最先端の２ナノ半導体を２０２７年に生産開始すると豪語している。

台湾のＲ＆Ｄセンター開設式典にはＴＳＭＣ創設者の張忠謀と台湾首相の陳建仁が出席した。「世界的なテクノロジーのリーダーシップを守る」と魏哲家のＣＥＯは演説し、また新しい研究開発センターは７０００人以上のエンジニアを収容すると述べた。

つまり２ナノは米国では生産しないと言っているのである。

安全保障上のリスクだと米国の防衛関係者が懸念するのは、こうした世界一の技術を中国がまるごと強奪するシナリオであり、したがって米国の一部には「そのときはＴＳＭＣ

工場、研究センターを中国侵略軍に渡さないために爆破・破壊する必要がある」というシナリオも公然と語られるようになっている。

ＴＳＭＣ会長の劉徳音は「新研究開発センターの立ち上げにより、２ナノ技術、１・４ナノ技術で世界をリードする半導体技術の開発にさらに積極的に取り組んでいく」と今後の方針を明らかにした。

研究開発に55億ドルを振り向けるが、この研究開発費用はマサチューセッツ工科大学の20億米ドルを大幅に上回り、収入総額の８％に当たる。

ＴＳＭＣは日本でも「３ＤＩＣ研究開発センター」を、つくば市の産総研内に２０２２年６月に開設している（江本裕センター長）。この開設式には萩生田光一経済通産大臣（当時）が列席した。萩生田は自民党政調会長として7月24日にはＴＳＭＣ熊本工場も視察している。

日本のつくばでは半導体製造は行わず、最先端の半導体の微細化と「３次元実装」に向けた研究開発である。３次元実装とは異なる性能を持つチップを縦に積み重ね、１つのパッケージに実装する技術である。

ＡＳＭＬも台湾に新工場という衝撃

さらに衝撃的ニュースが続いた。ＡＳＭＬ（オランダの、世界最大の半導体製造装置メーカー）が台湾で組み立て工場を新設すると発表したのだ。

かねてから業界では噂になっていたが、世界最強、82％のシェアを誇る半導体製造装置メーカーのＡＳＭＬが台湾に組み立て工場を新設することが本決まりとなった。すでにオランダから経営トップがしばしば来台しており、蔡英文総統や新北市長の侯友宜と会見している。侯友宜は国民党の総統選公認候補である。２０２２年11月15日にはＡＳＭＬのＣＯＯフレデリック・シュナイダー・モーヌリが台北の総統府に蔡英文を表敬訪問した。新しい組み立て工場の建設設置予定地は台北に隣接する新北市林口で、67ヘクタールの土地を購入済み。１４００億円を投下し、２０００人のエンジニアを雇用する。このプロジェクトを台湾当局は8月3日、正式に認可した。ここでは2ナノ半導体の開発研究を並行して行う。

ＡＳＭＬはすでに台湾工場で４５００人が働いている。日本のＡＳＭＬは従業員が３５０名。主にＡＳＭＬ機械を購入した日本のメーカー十社の補修管理、維持のための拠点8

ヶ所。機械設置、メインテナンスを行っている。

米国は違和感を抱いた。

なぜならＴＳＭＣもエヌビディアもＲ＆Ｄセンターは全米十ヶ所に存在しているからである。

台湾テクノロジー・ナショナリズムを高らかに謳ったのはよいにしても、これでは「台湾は中国の一部だから、いずれ台湾を統一し、ＴＳＭＣは工場ごとぱっくりといただく」と公言している中国の軍事的な台湾侵略を煽るようなものである。

半導体に決定的な後れを取る中国は台湾侵攻で、このＴＳＭＣ工場をごっそりと無償で頂く野心を公にしている。こうした不安心理が背景となってＴＳＭＣは決算予測で減益を発表した（7月21日）。すると株価が10％の下落を演じた一幕もあった。

それなら鳴り物入りの熊本工場は、ＴＳＭＣにとって如何なる意味があるのか？

ＴＳＭＣ会長の劉徳音は総会演説を続けて「汎用半導体、とくにＥＶなどへの半導体は日本、ドイツ、米国でも生産が開始される」とし、とくに米国アリゾナ州の新工場には合計で４００億ドルを投下するとした。この未曾有の投資に米国は飛び上がるほどに喜び、ＴＳＭＣ工場起工式にはバイデン大統領が直々に出席するほどのはしゃぎ様だった。

それほど中国の台頭を意識して米国は半導体開発に熱を入れており、米政府のＴＳＭＣ

への補助金は150億ドル（2兆円強）という巨額である。TSMCには米国の強い圧力があって、3ナノ半導体はアリゾナ工場でも2026年から生産を開始する。23年8月現在、あらかたの工場の上屋は完成しているが生産開始は数ヶ月ずれ込む。

三十年ほど前にアリゾナ州の別荘ブームを取材したことがある。当時は曠野《こうや》、コヨーテの遠吠え、そしてサボテンが砂漠に茂生する未開地という印象だった。道路標識が穴だらけだったので、なぜかと問うと「自動車で走りながら銃を撃つターゲット代わりにしているからさ」との答えで、驚かされた。

半導体製造は砂漠のように乾いた空気の地区が適切とされる。ただし水が命であり、アリゾナへはシエラネバダ山脈の雪解け水を運河が運ぶ。

アリゾナ州は野球キャンプで有名だが、もともとインテルが工場を建てており、TSMC進出に煽られたかたちでインテルはフェニックス市の隣に新規工場を建設し、200億ドル（2兆9000億円）を投資すると発表した。バイデン政権が補助金を約束したことも動機に加味された。

インテルの歴史は古く、1968年にロバート・ノイスとゴードン・ムーアがカリフォルニア州サンタクララで設立した。三人目の幹部がフェアチャイルドから移籍したアンドルー・グローブで、この三人は業界で伝説化している。

ノイスは「シリコンバレーの市長」という異名を取り、ITのジャック・キルビーとともに半導体の素地を作ったのでアップルのジョブスは「師匠」と尊敬した。キルビーと特許を争ったが、裁判にかまけているより二人の共同発明というかたちで合意した。キルビーはノーベル物理学賞に輝くが、本来なら同時受賞となる筈だった共同発明者のノイスは、そのとき故人となっていた。

ゴードン・ムーアはカリフォルニア大学バークレー校を卒業、世界初のDRAMを発明し、「GAFA誕生の下地」を作ったと言われる。またムーアが1965年に提唱した「ICの部品数は一年後に2倍になり、十年後には二年ごとに2倍になる」という「ムーアの法則」で有名である。

パソコンに「Intel inside」というラベルを見たことがあるだろう。このパソコンに搭載の半導体はインテル製ですよ、という印である。

三代目CEOのアンドルー・グローブはハンガリー動乱を逃れて米国へ辿り着いたユダヤ人でカリフォルニア大学バークレー校で博士号を取得した。フェアチャイルドから起業したばかりのインテルへ入社した。インテルを大成長に導き、その死去に際してはアップル二代目のテイム・クックが「テクノロジーの巨人、アメリカン・ドリームの体現者だった」と弔辞を寄せた。

注目のエヌビディアも台湾企業だ

注目株は、日本ではあまり名の知られていないエヌビディアである。

この企業は米国で起業し、米国でエンジニアたちが日夜奮闘し強大化した米国企業だ。しかし経営者は台湾人。研究・開発ラボの本丸も台湾へ移す。

1兆ドルの株式時価総額を越えた（2023年5月）エヌビディアは台湾人が経営しているのである。ゲーム向けやテスラのＡＩに組み込む半導体を製造する米国籍企業というものの創業者が台湾人のジェンスン・ホアン（黄仁勲）。トレードマークは革ジャン、60歳。そのへんのおっさんという出で立ちだが、台湾からスタンフォードに学び、カリフォルニア州で起業した。

台湾ではＴＳＭＣ並みに有名である。ソフトバンクグループ（ＳＢＧ）を率いる孫正義が、このエヌビディアに英アーム社を売却しようとしたところ、英国の反対で挫折した。

孫正義は英国で世界一の半導体設計企業のアームを3兆円で買収していた。そのアームは米国にも設計デザインの現地法人があるが、中国にも支社がある。このアーム・チャイナの株式保有率は51％が中国、49％が英国なので、どうにもならない。米国としてもアームが英国籍だから心境は複雑だった。SBGは英米の政治的な意図を了解出来なかった。

エヌビディアが技術を短時日裡に獲得できたのはなぜか。大学の優秀な学生を高給で確保し米国内で研究開発に集中した成果である。

具体的には西海岸ワシントン州のレッドモンドとシアトル、ユタ州ソルトレークシティ、NY、ノウスカロライナ州ダーハム、イリノイ州チャンペーン、カリフォルニア州には三ヶ所、アラバマ州とコロラド州と十を超えるR＆Dセンターを持ち、理科系大学近くに設置して開発費に巨額を投じてきた。換言すれば米国で頭脳を獲得したのである。

エヌビディアの時価総額は過去二十年間に400倍に化けた。もし、先見の明があって百万円を投資した人がいたら、いま4億円のミリオネアである。同社株はこの半年だけでも108・13ドルから419・58ドルへと暴騰し、時価総額が1兆ドルを越えた。これは史上8番目、生成AIとChatGPTの急伸に裏打ちされた（因みにアップルは世界一、3兆ドルの時価総額だ）。

CEOの黄仁勲は2023年5月30日に台湾を訪問した。そして「台湾にAI研究開発センターを設立する」と発言した。ちなみに台湾政府が67億台湾ドル（280億円）を支援する。ほかの台湾のハイテク企業も北京の動きを横目にしながら中国へのコミットを減らすか、撤退した。

鮮明にアンチ中国を標榜した台湾の半導体メーカーはUMC（聯華電子）である。このUMC創設者の武勇伝は後節で見る。

また台湾3番手のPSMC（力晶積成電子製造、黄崇仁会長）はSBIホールディングスと組んで自動車や産業機器向け半導体生産拠点を日本に建設すると発表した。投資予定は数千億円。もともとPSMCは三菱電機から技術協力を得てDRAMの生産をしてきた台湾企業で、日本では28ナノの半導体が主体となる。

SBIホールディングスは野村證券時代からやり手として知られた北尾吉孝がCEOである。北尾は堀江貴文が仕掛けた日本放送TOBの折にホワイトナイトとして登場、その後は孫正義のブレーンとしてSBG常務を務めた辣腕家で、ご先祖は江戸時代の儒学者だった。

輸入拒否となったマイクロンは日本に工場を新設する

中国は対抗上、米国マイクロンの半導体に輸入不要という措置を講じた。

マイクロンの半導体は汎用品が多く、DRAM、フラッシュメモリーなどでは半導体売り上げで世界4位。東芝メモリーの部門を買収したことでも知られる。

米国の対中ハイテク輸出規制に対抗して「米国マイクロンの製品が中国の国家安全に重大なリスクを与える」という口実を設け、中国は同社からの半導体調達を停止した。自製の半導体でまかなえるからだと理由づけた。

中国は2017年に「中華人民共和国サイバーセキュリティ法」を成立させた。DRAM（揮発性メモリー）で世界生産の20％を握るマイクロンは「もはや用なし」と認定されたことになる。

マイクロンは、日本の広島に半導体メモリーの最先端チップを生産するため5000億円の投資を発表したばかりだった。ほかにアプライドマテリアルズ、インテル、サムスンなども日本進出を急いでいる。

ロームも、次世代パワー半導体の生産強化のため宮崎県国富町に新たな生産拠点を設けると発表した。2024年末に稼働予定、国内の半導体主力工場となる。電気自動車（EV）向け半導体需要の急増に対応する。ロームは出光興産子会社から太陽光パネル製造工場として活用されていた土地と建物を取得する。

さらに半導体素材の優位を確保するため、経産省はSUMCOの工場に750億円を支援する。SUMCOは1999年に住友金属工業と三菱マテリアルの共同出資で設立され、シリコンウエハーでは信越化学に次いで世界第2位のシェア。佐賀県の伊万里市や吉野ヶ里町に工場を建設し、2029年稼働予定だ。弥生時代の集落遺跡で有名な吉野ヶ里遺跡の傍、製品には「卑弥呼」ブランドがふさわしいかも。

5000種以上のシリコンを生産する信越化学は群馬県安中市の松井田工場、新潟県上越市の直江津工場、福井県越前市の武生工場拡充に1000億円を投資する。

かくして空気が忽然と、しかも劇的に変わった。米国が再び日本重視に傾いた流れが背景にある。

中国は焦燥した。

「ファーウェイの使用禁止で西側は1000億ドルを無駄にした」と悔し紛れの弁を述べ、「欧米の中国制裁で一番得をしたのは日本だ」と妙なことを言い出した。

ファーウェイの新社長には創業者の娘、孟晩舟が就任した。彼女はカナダで二年間拘束されたが、ジャスティン・トルードー政権は中国に脅され、米国への引き渡しをせずに中国へ送還した。ファーウェイは特別機を飛ばし、まるで孟晩舟の帰国は凱旋将軍の様だった。

親中派のアジアタイムズ（2023年6月3日）は左記の論評を掲げた。

「西側は5G機材や設備においてファーウェイ、ZTEを排撃したことにより最終的には

1000億ドルを損失した」

意味は米国、英国が軍、公務員、政府職員下請け、警察にいたるまで使用しているスマホで、ファーウェイを禁止し、もっと高い機材に切り替えた場合の費用（損金）。さらに基地局の設備更新によるものとするが、数字データの出所は曖昧である。同紙はオックスフォード系列の研究機関の調査としている。

2019年から、事実上の中国製品排除はトランプ政権下の米国で開始され、英国が追随した。

機密情報を共有するファイブアイズのカナダ、豪、ニュージーランドも米英に追随する姿勢を見せ、EU諸国は対応に苦慮した。中国の報道官は「目が五つあろうが、十あろうがつぶしてやる」とヤクザまがいの台詞を口にしたほどだった。この外交部報道官の趙立堅は舌禍が祟って左遷された。

ドイツなどでは設備の入れ替えは大変なカネがかかると消極的だった。英国だけでも68億ポンド、ドイツ一国でも60億ドルの費用が必要とされた。EU内では「ガスをロシアに依存することは国家安全保障上の危険が大きい。通信の機材、設備の中国依存も同様だ」として、スマホや基地局の中国企業への発注を取りやめ、既存設備を更新したか、工事途中である。

とは言うものの、5Gのネットワークで中国製に依存している国々はオランダが72％、オーストリアが62％、ドイツ58％、ハンガリー55％となっており、一番低いのがフランスの26％なのである。そのフランスがEU諸国の中で一番中国寄りである。NATOが日本に事務所を開設する動きに露骨に反対した中国の論理に共鳴し、反対に回って中国の代理人を演じたのもフランスのエマニュエル・マクロン大統領だった。

日本は起死回生の布陣を敷いたが

日本勢のキオクシア、ルネサス、ラピダスなどはどうなったか？

或いは復活劇はうまくいくのか。日本の産業界の期待に応えてくれるのだろうか。

ルネサスは三菱電機および日立製作所から分社化したルネサステクノロジーとNECから分社化したNECエレクトロニクスの経営統合によって2010年に設立された。「半導体世界一の座を再び」と官民が力を合わせて結束した。

ルネサスの主力工場は那珂事業所だが、ほかに国内に六ヶ所の工場を持ち、半導体企業売上高ランキングで15位、日本国内ではキオクシアに次ぐ第2位。車載半導体市場シェアランキングでは第3位だ。

キオクシアはフラッシュメモリを主力とする半導体メーカーで前身は東芝メモリホールディングスである。シェアは世界第8位。

ソニー・セミコンダクタ・ソリューションズも熊本県合志市で画像センサー工場を新設する。スマートフォン向けなどのセンサーを生産する。ソニーは画像センサーで世界シェア首位である。

鳴り物入りの政府肝入りのラピダスはソニー、トヨタ自動車、デンソー、キオクシア、NTT、NEC、ソフトバンク、三菱UFJ銀行の日本大手企業8社が出資し、日本政府は3300億円の開発費を拠出することは先述した。北海道千歳市に工場を建設中、2025年に稼働開始となる（ちなみにミサイル防衛の新造イージス艦を計画中だが、一隻が3950億円だ）。

「2027年には世界最先端の2ナノ半導体を生産する」と豪語しているが、多くの技術専門家は「それはあり得ない」と予測する。それでもラピダスの自信のほどには何か裏がある筈《はず》だろう。一説にIBMがすでに2ナノ設計図を渡したのだとする説もある。

ラピダスの東哲郎会長（元東京エレクトロン社長）は強気である。

「ラピダスの提携先である米IBMは量子コンピューティングの領域で世界を主導しよ

うと取り組んでいますが、われわれはそうした特殊な領域で使われる最先端の半導体を開発しなければなりません。また米国では、たとえばテスラが完全に自立走行する次世代EV開発をめざしています。今後はこのように全産業がデジタル化していくわけですから、加速度的な時代の変化にも着実に対応しなければならない」(『VOICE』、2023年7月号)。

かくして、米国の中国制裁と安全保障上の脅威視から大きな政策転換がおこり、次世代半導体は米国、台湾、日本、韓国が協力し合う態勢づくりが進捗している。また支援情報を共有し、供給を調整する話し合いも持たれている。

日本政府はほかにキオクシア四日市工場とマイクロンの広島工場をあわせて合計6170億円を、次世代半導体工場の立ち上げのための補助金として投資する。さらに4500億円の追加措置が決まった。

留意するポイントが幾つかある。

第一に、ファーウェイなどへ米国からの半導体輸出を禁止したが、汎用のICは許可制で輸出は可能なのである。インテルもTIも対中輸出を続行している。

第二に、台湾のTSMCは中国の南京に工場があり、16ナノ半導体を作っている。韓国のサムスンは西安工場でフラッシュメモリを生産し続けており、このうちの一部がロシアへ迂回輸出された。韓国のＳＫハイニックスは中国大連工場でフラッシュメモリを、江蘇省無錫工場でＤＲＡＭを生産中であり、半分が中国工場生産という体制だ。これら三社は米国の規制強化により今後、中国での新投資が禁止される。

なかでもパニックに陥ったのは韓国の二社だった。理由は、バイデンが8月8日に署名した大統領令。新規投資の禁止に加えて外国人雇用にも制限を設けたからだ。

第三は、日米半導体同盟の強化である。

２０２３年5月26日、イリノイ州デトロイトにおいて西村康稔経済産業相はジーナ・レイモンド米商務長官と会談し、半導体のサプライチェーンの連携強化を柱とした日米共同声明に署名した。

次世代半導体開発や人材育成に関する日米共同のロードマップ（行程表）を策定することで合意し、日本も参加する米主導の経済圏構想「インド太平洋経済枠組み（ＩＰＥＦ）」にも積極的に協力していくことを確認した。西村経産相は会談後、「（半導体に関する）技術開発など日米協力を劇的に加速させたい」とした。

なぜこれほどの様変わりか。

かつて米国は、日本の半導体開発にストップを駆けて先端技術を韓国と台湾に供与し、日本の半導体産業を潰した張本人である。その記憶がまだ消えないうちに中国が西側技術に猛追し、やがて追い抜こうとする状況になったため、米国は再び日本をおだて始めたというわけだ。

インドも巻き込む戦略に出た

バイデン政権は日本重視に重ねて、インドを特別に優遇する方向に舵を切った。この動きにも特別な注意が必要である。

米国の対中戦略の劇的な変更により、突如、インドが持て囃《はや》され始めた。この視点からの分析が日本では不足している。地政学的な戦略的思考を不得手とするからだ。

2023年6月22日、ホワイトハウス周辺はインドの国旗が林立し興奮状態となった。在米インド人およそ7000名が集まり、ナレンドラ・モディ首相のワシントン入りを歓迎した。

シリコンバレーはインド人で持つとも言われ、在米インド人は400万人を越える一大勢力なのである。ユダヤ人が650万人、中国人と韓国人がそれぞれ500万人、米国の人口動態も激甚な変化を遂げた。

バイデン政権になってから3番目の「国賓」待遇で迎えられたモディ首相は連邦議会で演説の機会まで与えられ、15回の起立拍手があった。芝居がかっているが熱狂的な歓迎である。米国の政治的雰囲気は「中国よ、さようなら。インドよ、こんにちは」である。

モディ首相の当選前まで、米国はモディを「ヒンズー至上主義者、ムスリム弾圧の超本人だ」と決めつけ、入国ヴィザの発給を拒否していたことすっぱりと忘れてしまった。インドがロシア制裁に加わらず、平気でロシアから原油を購入し続け、また米国兵器システムへの更新を約束しながらも遅々としている状況には目をつむっている。典型的な御都合主義外交だ。

インドの有力紙『ザ・タイムズ・オブ・インディア』ですらこう書いた。

「なぜ米国はここまでインドを厚遇してくれるのか？」（2023年6月21日）。

米国がインドを厚遇する理由は、半導体戦争を基軸に国家安全保障戦略が密接に絡んでいるからである。それほど動機は露骨である。

第一に、国家安全保障戦略からインドを地政学上の要衝として捉えていることである。インド太平洋のパートナー、日米豪印「クアッド（QUAD）」の重要メンバーである。またインドは中国と軍事的に対峙する核保有国である。

その昔、「日本ほど重要な国はない」（マイケル・マンスフィールド大使）、「21世紀は日本の世紀だ」（ハーマン・カーン）とおだて上げて、日本が経済躍進ばかりか先端技術で米国を抜き去る勢いを示すようになると、米国メディアと議会は突然「ジャパン・バッシング」を合唱した。トヨタ、ホンダ、日産の米国市場での好調な売れ行きを横目に、東芝ラジカセをハンマーで叩き壊し気勢を上げた議員団は、むちゃくちゃな対日圧力をかける競争に明け暮れた。

自動車はその前に自主規制をかけ、米国の工場を造り、その上、ローカルコンテンツ法により米国製部品購入を余儀なくされていた。日本の自動車メーカーはアメリカ人の大量雇用にも繋がったので米国議会は、自動車問題を不問とした。

ゲッパート議員ら反日の売名議員も出たし、レビン議員は「日本は安保税を支払え」と頓珍漢なことを言い出した。自動車の自主規制を強要し、スーパー301条で大幅な規制をかけ、挙句に「日米半導体協定」で日本の半導体産業を劣位に追い込み、航空機生産を中断させた。その一方で、中国は「ステークホルダー」「G2」などと虚言を弄《ろう》していた。三十年後、「われわれは中国に欺されていた」（マイケル・ピルズベリー）として、米国は中国を軍事的な脅威と認定した。

第二に、インド人の数学才能である。

小学生が二桁ではなく三桁の暗算を得意とする民族がインド人なのである。ましてエリートのインド人は英語が流暢《りゅうちょう》である。つまり米英とは親和力が備わっているのだ。在米インド人のＩＴ関連技術者がシリコンバレーを一方で支えていると言って過言ではない。マイクロソフトＣＥＯのサトラ・ナディアも、グーグルＣＥＯのサンダー・ピチャイもインド人である。世界銀行総裁になったアジュア・バンガもそう。元国連大使で、次期大統領予備選に出馬しているニッキー・ヘイリーもインド人である。２０２３年8月から突如共和党予備選で3位につけたラムスワミもインド人だ。２０２２年に米国入管が発給したＨ１Ｂヴィザを取得したインド人は44万２０００人にのぼった。

第三に、インドの経済的躍進と中国に次ぐ大きな市場である。

マイクロンとＧＥ（ゼネラル・エレクトリック）がインド進出を決めた。２０２３年6月20日にＮＹＣでモディと会見したテスラのイーロン・マスクまでが「インドにも工場進出を果たしたい」とまじめに語り、モディは大歓迎だと答えている。

マイクロンは8億ドルを投じて半導体工場をインドに開設するとした（同社は中国にも7億ドルを投資し、重慶に半導体工場を造る）。ＧＥはジェット戦闘機Ｆ４のエンジンのインドでの合弁生産を決めている。

ただし、半導体は水がきれいな場所が必須の条件であり、また優秀なエンジニアを確保できても、カーストという見えない管理上の障害があり、米国や日本、韓国、台湾とは条件が異なるデメリットがある。筆者はインド各地を北から南まで七、八回ほどに分けて取材しているが、ハイテク企業が集中するのはバンガロールとハイデラバードである。この二つの高原都市は、優秀なエンジニアが世界中から集まり国際的雰囲気があるものの、下町へ行けば旧態依然たるカーストが目に見えない社会秩序を形成している。コンピュータの町バンガロールには牛肉レストランもあるほど国際色豊かである。

このためキリスト教やイスラムへの改宗も目立つが、ヒンズー原理主義の過激派が改宗組に暴力を加えるので社会問題化している。

さはさりながら、バイデン大統領主催の「モディ首相歓迎夕食会」には閣僚、政治家に加えて、多数の有名人400名が招待された。夕食会には楽団も入った。

なかでも注目を集めたのは前述のナディアとピチャイのほかに、インド証券界のスーパースターとなったゼロドハ（ネット証券）を起業したカマス（34歳）、インドを代表する大富豪にして慈善活動家のムケシャとニタ・アンバニ夫妻（その資産は834億ドル）。ブリンケン国務長官やケビン・マッカーシー下院議長らは霞んでいた。

この米国のインド重視に、日本も行動を起こした。もともと日本はインドとの緊密な関係を先行させており、とくに安倍晋三元首相はインド重視政策を展開し、国賓として招待されたこともあった。

グジャラートからムンバイへの新幹線工事を日本が受注した。ニューデリー郊外など三、四ヶ所に日本企業団地がある。加えてスズキ自動車は早くから現地生産し、シェアは第一位を確保している。インドとのパイプが細くなったのは「安倍ロス」のせいと言える。

しかし、２０２３年7月19日にインド入りした西村康稔経済産業相は、アシュウィニ・バイシュナブ電子情報技術相、ピユシュ・ゴヤル商工相らと会談し覚え書きに署名した。両国の関係強化を謳う「日印産業共創イニシアティブ」を打ち出した。経産省は「日本の強みは素材、インドは人財。ゆえにＷｉｎ－Ｗｉｎの関係を確立できる」と言い、高い可能性を秘めたインドとの関係強化に再度、踏み切ったのである。

もう1つ重要な国がある

「中東のシリコンバレー」と言えばイスラエルである。

人類史を紐解くと、メソポタミア文明は現在のイラクからエジプトに開け、西洋文明の曙と言われるギリシアが基軸の時代も長かった。世界のすべての道はローマに通じると言われたイタリアはＥＵのなかでも経済的に沈んだ。かつて世界に冠たる大文明国は、半導体競争で大きく立ち遅れた。

ならば、イスラエルだけがなぜ地域で技術大国としてのし上がれたのか。それは戦争経験である。つまり「戦争は発明の母」ということなのだ。

米国はイスラエルに対して全幅の信頼を置いているわけでもなく、まして米民主党政権は現在のベンヤミン・ネタニヤフ政権とはしっくりいっていない。イスラエルは米国から供与されたミサイル技術を拡充した「アローミサイル」を生産し、こっそりと中国にも輸出していた〝実績〟もあるので米国の不信感が増幅された。

しかし、政治と経済は別物とばかり、米インテルはイスラエル投資に積極的である。2012年に、22ナノ半導体を生産するイスラエル工場に27億ドルを投じた。このプロジェクトにはイスラエル政府からの7億4000万シェケル（2億1000万ドル）の助成金も含まれた。半導体業界を牽引してきたインテルは2016年に10ナノ半導体の製造に失敗した。その後はアジア勢に先を越され、2020年になっても10ナノ量産に到らなかった。そこで積極的投資に切り替えたインテルは次に2023年、イスラエルの半導体受託生産会社タワーセミコンダクターを54億ドルで買収すると発表した。

インテルは「タワーセミコンダクターが有する無線周波数、シリコンゲルマニウム、産業用センサーなどの特殊技術に係る専門性。すでに確立されたファウンドリーの拠点であり、インテルとタワー双方の顧客に幅広いサービスを提供することになる」と買収理由を述べた。この買収案件をイスラエル政府は正式に認可した。タワーは年間200万枚以上のウエハー製造能力を保有しており、米欧とイスラエルに工場があるインテルは「東アジアの地政学的リスクのリスクヘッジになり得る。インテルが受託製造サービスを開始する最大の理由だ」とした。インテルの新工場は２０２７年稼働を予定していた。

ところが8月になって、この話はキャンセルとなった。中国が反対したのだ。

2023年第一四半期のインテル業績は芳《かんば》しくなかった。23億ドルの赤字を計上した。にも拘わらずインテルはほかに米アリゾナ州の新規工場に300億ドルを、米オハイオ州の新規工場に200億ドルを、ドイツにインテルは二つの工場を建てる。ドイツ連邦政府は2023年6月19日、ドイツ東部ザクセン・アンハルト州マグデブルクの半導体工場建設計画に関する基本合意書に署名している。

投資額は300億ユーロで、このうち99億ユーロがドイツ政府負担となる（百億ユーロにすると議会が五月蝿《うるさ》いからだろう）。

ホワイトハウスの通称「テクノロジー・デスク」

中国のハイテク開発を元から封じ込めろと明確化したトランプ政権以後、ホワイトハウス内に通称「テクノロジー・デスク」という部署が出来た。

最初は五人、次いで十人、二十人と専門家の机がホワイトハウスのなかに増殖していった。中国のどの企業の何が問題であり、どの大学が軍と組んでいるかを調べていた。

その様子を年に二回、ホワイトハウスに招かれていた外交評論家の加瀬英明（日本安全保障研究センター理事長）から聞かされた。筆者は同センターのボランティア事務局長だった。続きを聴こうと思っていた矢先、氏が冥界へ旅立たれた（２０２２年11月）ため、現在のホワイトハウスの技術評価タスクチームの陣容は不明である。日本の新聞記者でホワイトハウスの奥まで案内された人はほとんどいない。

当該専門チームは、２０２２年ごろから中国の規制対象の的を半導体に絞り込んだ。すなわち軍事技術競争で米国が中国と競う分野は武器、ミサイル、宇宙船など目に見えるものばかりではなく、量子コンピュータは演算速度を競うし、スパコンは日本が一番とされるが、中国も負けてはいない。次の技術がＡＩに置かれていることに間違いはないが、これらに使われる高性能の半導体を台湾のＴＳＭＣ、韓国のサムスンなどが製造している。中国のＳＭＩＣが7ナノの半導体を製造するレベルに達したと観測する専門家もいるので、米国は決断を迫られたのである。

この中国の猛追ぶりは必ずや将来、米国と伍すことになる。それなら元から絶てばよいのではないか。

そこで半導体製造装置ならびにその部品の輸出を禁止した。製造装置には工程別に専門分野が分かれていて、各メーカーには得意分野があり、国際的分業が行われている。

まず成膜装置だ。米国は成膜装置で67〜86%のシェアを誇る。原材料のウエハーは日本の信越化学とＳＵＭＣＯが得意とする。成膜装置で対中輸出が規制されるのは米国のアプライドマテリアルズ、ラムリサーチ、ＫＬＡである。

次いで露光装置の世界一がオランダのＡＳＭＬで世界シェアの95%とほぼ独占しており、一台２００億円から５００億円の製造装置の注文が五年先まで予約で満杯状況である。

「グローバリズムは死んだ」とメーカーの多くが中国とのビジネスを失って嘆いた。しかし金儲けより安全保障優先の米国は対中デカップリング政策を強固に進めており、半導体産業が最大のターゲットだということが２０２２年秋に、はっきりとしたのである。

バイデン政権は２０２２年10月7日に詳細な対中半導体輸出規制を発表した。斯界ではこれを「10・7ショック」と言う。半年後の２０２３年3月31日、日本政府とオランダ政府が業界の意見を聞くなど調査に時間を要したが、米国提示の規制受け入れを発表した。中国は猛烈な批判を展開したが、犬の遠吠えに近かった。

米国は半導体を「戦略的重要物資」と位置づけた。戦車や戦闘機、ミサイルと同列である。しかも中国は核兵器や超音速ミサイル、自律型ロボット兵器など最新兵器にはＡＩを搭載し、ドローンの生産量は世界一となった。これらの先端軍事技術を可能にしているのは先端半導体だから、米国は異常な警戒を越えて禁止するのである。

半導体の製造工程は、設計、前工程、後工程に大きく分かれる。

配線回路を設計した後、その電子回路をウエハー表面に形成する前工程、チップの形に切り取って組み込む後工程を経る。

前工程では半導体チップを形成するウエハー、回路を焼きつける原版となるフォトマスク、エッチングガス、クリーニングガスなどが使われ、後工程では内部接続を行うボンディングワイヤ、外部配線との接続をするリードフレームなどの素材が利用される。

大量の水と電力消費が必要であり、渇水は工場駆動を危険にさらすため、水力の豊かな地域が望ましいとされる。

ロジック半導体は米国が７割、メモリ半導体は韓国が６割近く、ディスクリート、アナログ、その他では米国が４割近くを占める。半導体製造装置は米国、欧州、日本の三極で90％を占める。とくに前工程で使われるコータ・デベロッパや洗浄装置、後工程で使われるウエハープローバ、グラインダなどでは日本が80％以上である。

米国は、スパイ防止法がないばかりか中国に大甘の日本が、おそらく技術漏洩の最悪のアキレス腱になると踏んで、日本の企業研究にも熱を入れていた。

加えて中国半導体メーカーが最先端半導体を製造する能力を獲得するのを防ぐため、一部中国大手半導体メーカーを対象に、装置や設計ソフトの輸出を禁止した。例えば、中国半導体メーカー最大手ＳＭＩＣに対して、10ナノ以下のロジック半導体の開発・製造に必要な装置ばかりかソフトウエアの輸出も禁止した。

さらに米国は輸出管理以外でも中国へ規制をかけ、２０２２年8月に「ＣＨＩＰＳ及び科学法（通称ＣＨＩＰＳ法）」を成立させた。これは補助金を受け取る（韓国、台湾などの）半導体メーカーは中国など「懸念国」において、最大10年間、先端半導体や汎用半導体を製造するキャパを拡大する場合に厳しい制約を受けることになった。つまり中国において西側の半導体新規工場の造成は難しくなった。ただしマイクロンの西安工場は、10ナノのレベル以下だから制約を受けない。

環境保護過激派の妨害にもめげず、米国レアアース生産へ急ピッチ

レアアース埋蔵の世界一は、じつは米国である。

なぜ開発を放置してきたか。シェールガス開発の遅延と同様に左翼活動家たちが、反原発運動と搦《から》めて環境保護を訴え歴代民主党、とくにクリントン、バラク・オバマ政権が消極的な取り組みしか行ってこなかったからだ。

気象変動、環境保護が極左活動家の隠れ蓑だったことがようやく周知されるようになって、生産が正常に戻りつつある。

トランプ前政権がシェールガス開発を抜本的に軌道修正し、米国はガスの輸出国になった。レアアース鉱山がほぼ休眠状態だった。この危機的事態を見直し、鉱山再開発に乗り出し、しかも政府補助金がふんだんにつけられたのだ。

ネバダ州ラスベガスから車で一時間。マウンテンパス鉱山は採掘場、加工場が並び、八つの施設を新設もしくは改築した。2024年までに7億ドル（およそ1000億円）を投下する。これまでは原石を中国に輸出し、精製加工してきた経緯がある。

マウンテンパス鉱山のネジウム等のレアメタルは住友商事が買い取り、アジアに運搬して加工する。中国依存度を低減させる目的がある。支援金は国防予算から4500万ドル（65億円強）が支出された、
マウンテンパス鉱山は、このネバダ州での試掘に加えてテキサス州でもレアアース磁石

の生産に乗り出す。これはＧＭ（ゼネラル・モーターズ）のＥＶ使用に回され、年間50万台分をまかなう計画だ。

ノヴェオン・マグネティックスもテキサス州サンマルコスを拠点にネオジム磁石の生産を開始した。同社は使用済みのリサイクル材供給網を構築する構えで、顧客にはニデック（旧・日本電産）の名前もある。国防総省はこのノヴェオンに３５００万ドル（50億円）を支援した。

ことほど左様に、レアメタルに関しても米国の中国依存からの脱却は本気である。

「いま頃アフリカ資源外交を展開したところで重要鉱区は、ほとんどが中国とロシアが抑えていますが……」と言いたいところだが、２０２３年8月6日から　西村経産相がアフリカ五ヶ国を訪問した。目的はレアメタル、レアアースなどの供給源の多角化で中国依存率が高すぎることが、安全保障に関わるという危機認識となって、ようやく「アフリカ資源外交」の重要性が表面化した。西村大臣の訪問先はナミビア、コンゴ民主共和国（旧ザイール）、ザンビア、マダガスカル、アンゴラ、南アフリカ共和国の六ヶ国。

とくにナミビア、コンゴ、ザンビアに重点を置き、いわゆる「資源外交」を展開したのだが、すでに重要箇所は中国、ベルギー、フランス、ロシアなどが抑えている。ましてコンゴはコバルト埋蔵世界一であるが、治安が悪い。2023年8月11日、西村大臣はコンゴのキンシャサに入り、首相と会見後、開発協力文書に署名した。

思い出したことがある。筆者が『もうひとつの資源戦争』（講談社、絶版）を書いたのは1982年だった。取材先の日本鉱業（1993年に「ジャパン・エナージー」と改称）である幹部社員が言った。当時、コバルト確保のため、コンゴの山奥にオフィスを持っていた。武装ゲリラとの武力衝突が頻発し、ベルギーが空挺団を派遣して、救出されたが、「嗚呼、自衛隊はここまでは来てくれないだろうなぁ」と真剣に身の危険を感じたと言うのだ。コンゴは動乱に継ぐ動乱が常態であり、現地に進出している中国は常に武装ゲリラの襲撃に悩まされている。

米国のアフリカ外交のジグザグも問題だ。米国はレアメタルとレアアースで、世界最大の埋蔵量を持つのに開発してこなかった。民主党政権が党内の極左勢力に忖度《そんたく》し、「環境保護」を理由に開発を禁止してきたからである。

その一方でバイデン政権は風力・太陽光発電プロジェクト開発を推進してきた。

これらのエネルギープロジェクト構築にも銅、コバルト、リチウムなどの原材料が必要である。

2023年初頭、バイデン政権はミネソタ州スペリオル国有林内のダルース・コンビナートの一部での銅・ニッケル採掘を禁止した。ここは世界最大の銅とニッケルの鉱床があり、米国内のニッケル埋蔵量の95％、コバルト埋蔵量の90％、銅埋蔵量の33％が含まれている。ところが開発禁止のため、米国でもレアメタルの多くを中国やコンゴ民主共和国から調達している。

国連が問題視しているのは劣悪な労働基準と環境基準。例えば、コンゴ民主共和国では、基本的人権の重大な侵害がある、鉱山では児童たちの奴隷労働の事例があった。強制労働による児童虐待は、深刻な問題となった。

米国内の鉱山業を妨げているのは政治的意志だけではない。煩雑な許可プロセスがあり、経営陣はコバルト、リチウムなどを採掘し、加工することが可能なのに、「汚い仕事」は開発途上国に任せてきたのだ。

鈍感だったバイデン政権が深刻な危機を前にして重い腰を上げた。２０２２年2月22日、ホワイトハウスは、「中国への依存を断ち切り、持続可能な実践を後押しするために、米国内の希少鉱物のサプライチェーン拡大に向けた大規模な投資」を発表した。

すでに２０２１年の「大統領令１４０１７」によって、「希少鉱物および材料のサプライチェーンの脆弱性を見直す」、「希少鉱物・材料について海外供給元や敵対国に過度に依存することが、国家や経済の安全保障上の脅威となっている」と指摘している。

ペンタゴンの産業基盤分析・維持プログラムでMPマテリアルズが3500万ドル（50億円）を獲得した。同社はカリフォルニア州マウンテンパスの施設でレアアースを分離・加工し、永久磁石サプライチェーンを国内で完結させた。

米国エネルギー省は1億4000万ドル（200億円強）を拠出して実証プロジェクトを行う。これは石炭灰やその他の鉱山廃棄物から希土類元素や希少鉱物を回収する実験である。

さはさりながら、ここでもう1つの環境問題が半導体生産に冷や水を浴びせている。世界の工場で再エネルギー利用が100％という約束事は、米国のインテルなどは2030年達成とし、日本のキオクシアとソニーは2040年とする。ところがTSMC、SKハイニックスなどは2050年達成を目標としていて、グリーン化が甚《はなは》だしく遅れている。

電力使用は炭素排出量を低減させず、再ネルギーへの全面転換が必要である。石炭、石油、ガスの火力発電は脱炭素とはならず、原発は各国とも増設はおろか、廃棄の方向である。

半導体メーカーもグリーン化が遅れると、米国アップル、グーグル勢が台湾、韓国への発注を減らすことになりかねない。

第三章

猛追する中国と西側のアキレス腱

中国スパイの根を絶て

中国の台頭を許した西側のアキレス腱とは何か？
議会、メディア、産業界、そして学術界に浸透した中国の代理人の暗躍を正面から規制出来ないことである。

中国の代理人の代表格は誰か？　ヘンリー・キッシンジャーは中国で伝説化した元国務長官。百歳の誕生日には王毅外相がわざわざNYの「キッシンジャー・アソシエーツ」のオフィスへ赴き、祝意を述べたほどに最重視するチャイナロビィである。

２０２３年7月20日、北京の釣魚台迎賓館五号楼に習近平はキッシンジャーを迎え、暖かく言葉を交わした。キッシンジャーが１９７１年に極秘訪問した折、周恩来と会った部屋である。おたがいに歯の浮くような美辞麗句を並べて米中友好を演出しても、その言葉には真実のかけらもなく、人工的で政治演出が見え見えだった。

イエレン財務長官の訪中も、ジョン・ケリー気候問題担当大統領特使も、ブリンケン国務長官も北京は極めつきに冷遇した。とくにブリンケンには赤絨毯も敷かず王毅との記念写真撮影の場には星条旗もなかった。ところが、キッシンジャーには「中国の古い良き友人」という特別扱いを見せつけたのである。

バイデンが「独裁者」と呼んだ習近平がわざわざ出てきて「友好」演出の出汁《だし》に活用したのだ。

「中国と米国は安定が必要で、現在はやっかいな岐路にあると言えるが、両国関係の見通しには楽観的だ」とキッシンジャーは述べた。百歳になる米国の「狸じじぃ」は私的訪問としているが、すでに百回を超える訪中歴と、国務長官退任後のチャイナロビィとしての大活躍は誰もが知っている。共和党保守派はキッシンジャーを蛇蝎《だかつ》のように嫌っている。

キッシンジャーは北京で李尚福国防相とも個別に会談した。李は米国防長官との対話をひたすら拒否し続けているが、キッシンジャーは国防相に国際情勢を説いたそうな。王毅は「米国が中国の体制を変革しようとしたり、中国を封じ込めようとしたりするのは不可能だ」と傲慢な言葉を選んで発言した。

とりわけ優秀な頭脳のスカウト作戦を中国は「千人計画」と呼び、ハーバード大学の超一流学者までが中国にせっせと技術協力していた。先端企業、とくにそのラボへの浸透は中国人のみならず外国人を金か女で釣る。いとも簡単である。拠点は孔子学院とヒューストンの中国領事館などだった。論語を教えず、違うことを教えながら代理人候補を物色していた。

米国は113校あった孔子学院のうち79校を閉鎖した。英国はリン・スナク政権になって全廃を宣言した。

日本にはまだ中国のスパイ機関「孔子学院」が13の大学に健在である。立命館、桜美林、北陸、愛知、立命館アジア太平洋（大分）、札幌、大阪産業、岡山商科、早稲田、山梨学院、福山、関西外国語、武蔵野の13校である。加えて一橋に「中国交流センター」があって、事実上の孔子学院の役割を果たしている。

問題はそればかりではなく、米国が「国防7校」として軍事技術開発で中国軍と協力関係にあって、米国がエンティティリストに挙げた中国の問題の大学と、日本の国公立、私立大学の45校が交流関係を結んでいることだ。

文科省は本腰を入れての対策を講じていない。日本留学組の中国人学生は「中国留日同学会」なるネットワークがある。札つき極左の偽知識人たちが、「ガクシャ」を名乗って集う「日本学術会議」は日本の軍事技術協力に反対と言っている。ところが中国との交流には熱心で、このような売国的とも言える公的機関に政府が年間数十億円を拠出している。ただし2022年からデュアル用途の研究には反対しないと修正した。

孔子学院や日本学術会議ばかりではない。日本の大学には中国人の教授がごまんといて、反日洗脳教育を展開しているが、「日本華人教授会議」なる組織が２００３年に設立され、東大、慶應、法政などで教鞭を取っている。文科省は、このような状況に無策であったばかりか奨励してきたのだ。

あまつさえ高等学校にも「孔子課堂」なるものがあり、早稲田大学高等学院や仙台育英学園高等学校などに設置されている。

こうした中国のスパイ機関に、いったい日本当局はいつメスを入れるのか。彼らは中国共産党のプロパガンダを垂れ流し、日本人の若者を洗脳しているが、文科省はその実態を放置している。何とも不思議な話だが、スパイ防止法がない珍しい国家ゆえに宜《むべ》なるかな。

ＴｉｋＴｏｋの規制に動いた米国

坊主憎けりゃ袈裟《けさ》まで憎い、とばかり米国はＴｉｋＴｏｋ規制にも動いた。アメリカ人のプライバシーのデータがごっそりと漏洩した可能性が高いからだ。

ＴｉｋＴｏｋがスパイアプリと疑われる理由には、データを中国のバイトダンスが把握できるからである。収集された個人情報は専用のサーバーに送信され、バイトダンスが情報にアクセスできるということは、安全保障上ゆゆしき問題である。

リチャード・ブルーメンタール上院議員とマーシャ・ブラックバーン上院議員（いずれも共和党）はＴｉｋＴｏｋのショウ・ジー・チュウ（周受資）ＣＥＯに宛てた質問に書簡で回答があったことを認めた（２０２３年6月24日）。

ＴｉｋＴｏｋが米国の社会保障番号や納税者番号などの財務情報を中国のサーバーに保存したとした『フォーブス』の記事を議員らは引用し、米国のユーザーデータの保管に関して誤解を招いたと非難していた。

ＴｉｋＴｏｋのＣＥＯの議会証言では「アプリ内で収集された保護されたユーザーデータに関するものであり、議員から質問があったコンテンツ・クリエイターのデータには関連していない。後者のデータは異なるカテゴリーに分類されている」と反論した。

中国に保管されている米国のユーザーデータが中国国家情報法に基づき中国共産党政権と共有される可能性についてＴｉｋＴｏｋは「中国共産党からそのようなデータの提供を求められていない」と述べた。

だから、中国政権にそのようなデータを提供しておらず、ＴｉｋＴｏｋも提供する予定はないとつけ加えた。

しかし上院議員らは納得せず、平行線のままである。

中国の半導体メーカーは瀕死の危機

中国の半導体企業は有力な四社がある。フラッシュメモリーの長江存儲科技（ＹＭＴＣ）、ＤＲＡＭの長鑫存儲技術（ＣＸＭＴ）、ファンドリーの中芯国際集成電路製造（ＳＭＩＣ）、ファブレス（半導体設計）企業の海思半導体（ハイシリコン）だ。

習近平政権は半導体を「中国製造２０２５」の重要目標として補助金を出した。突如、雨後の竹の子のように起業ラッシュが起こった。そして予想通りに２０２２年度には５７４６社が倒産もしくは廃業した。それ以前にも清華大学系の紫光集団が倒産した。それでも２０２３年６月現在、半導体企業を名乗るところが13万社ほどあるという。ビックリ仰天の数字だ。

中国最大のファウンドリ企業ＳＭＩＣは２０２２年第４四半期に15％の減収となり、続く２０２３年第一四半期も12％、同第二四半期は22％の減収となった。

ＹＭＴＣとＣＸＭＴは人員を削減し、工場建設を先送りした。何しろ西側から半導体製造装置が来なくなったのだ。中国の半導体専門メディアは「世界的に業界が不況である影響もあるが、米国の対中半導体制裁が中国企業の業績に大きな影響を及ぼした」と分析した。

ＳＭＩＣは国有企業とも言えるほど政府との繋がりが太く、ロジック半導体に強いのでファーウェイ御用達でもあった。したがってファーウェイ没落とともに売り上げが急減し一部工場は閉鎖された。

中国最大のＮＡＮＤ（フラッシュメモリの主流）メーカーはＹＭＴＣで、紫光集団の一員だったが、経営不振で一時休業状態に陥った。フラシュメモリはＵＳＢメモリやデジタルカメラなどに使用される。世界シェア１位は韓国のサムスン、２位が日本のキオクシアだ。筆者も仕事の関係でＵＳＢメモリを使うが、以前は64ＧＢが一本３０００円だった。現在は８００円程度で量販店へ行けば手に入る。

ＹＭＴＣが２０２３年４月から生産再開に漕ぎ着けられたのは中国国営投資会社三社から邦貨換算で１兆円もの投資を受けることが出来たせいである。ＹＭＴＣは暫時独自技術と中国製の半導体製造装置で再起を図る。従来型ＮＡＮＤを生産して経験を重ねながら次のステップに繋げる考えのようだ。

中国は連鎖倒産を懼《おそ》れ、ＹＭＴＣは北方華創科技集団（ＮＡＵＲＡ）や先端エッチング装置やＭＯＣＶＤ装置を手掛ける中微半導体設備（ＡＭＥＣ）などに製造装置の大量注文を行わせた。

米商務省のエンティティリスト（ブラックリスト）に記載された結果、米国製半導体の購入が困難になっていた中国各社が何をしているか。

日本人をはじめとする米国外のプロセス・装置・材料技術者の採用を進めながらインテル、アプライドマテリアルズ、ラムリサーチなどに在籍した米国帰りの技術者が大勢いる。また日本から半導体技術者の退職組などのリクルートも進めている。

もう１つ注目すべきは、在米中国人の帰国現象である。

ＤＮＡの研究で世界的な学者でもある謝暁亮ハーバード大学教授が、米国市民権を捨てて中国籍を回復し、中国科学院に復帰した。

中国教育部によると２０１９年の中国人海外留学生は70万３５００人、このうち帰国した留学生数は58万３００人だった。１９７８年から２０１９年までに、中国人の海外留学生は累計６５６万６０００人。現在も米国に留まっている学生は１６５万人強。留学を修了した４９０万４４００人のうち４２３万１７００人が帰国している。中国の経済成長や技術革新により帰国を選ぶ留学生が増えていたのは事実である。

技術屋さんは自分の技量を褒めてくれれば、しかも高給で◯◯つきなどと聞けば再就職先に中国企業を選ぶ。愛国心？　それは何じゃらほいと技術狭窄に陥った人が多いのも事実である。現に上海の宝山製鉄が自動車鋼板の製造に成功したのは、日本の新日鉄の協力であり、新幹線の車両技術は川崎重工業から盗んだ。

日中友好という看板に欺されて中国の発展を願い、善意で供与した技術はすべて悪用された。福井県鯖江の眼鏡は懇切丁寧に技術を教え込み、製造機械まで提供したところ、中国企業はしれっと鯖江の眼鏡メーカーの顧客を奪った。

筆者自身も中国のあちこちで退職した日本人技術者ＯＢが中国企業に再就職している現場を見てきた。

福建省福州市の居酒屋で偶然隣合ったおじさんは某大手メーカー電池開発のエンジニアで、退職後、中国に招かれ宿舎食事完備、毎日居酒屋に通えて月一度の休暇には家族のいる大阪へ帰れるという条件だと言った。中国のリチウム電池の飛躍の一背景である。

中国の報復が始まった

かつて鄧小平が言った。「中東には石油があり、中国にはレアアースがある」と。

中国は日本向けレアアースの輸出を止めたことがある。戦略備蓄を怠ってきた日本企業は悲鳴を上げた。代替供給地を求め、カザフスタンなどと交渉した経緯がある。昭和電工などは中国に生産工場を移転して対応したほどだった。

ジェトロの上海事務所が２０２２年１月にまとめた報告書には次の文章がある。

「中国は、２０００年代からレアアースについて多方面での管理を行っています。しかしながら、根拠となる統一的な上位法令は制定されておらず、各管理部門により公布された複数の法規、通知、通達等に基づいて管理が行われてきました。

こうした中で、レアアースの管理に関する統一的な法律を制定するべく、工業情報化部が２０２１年1月13日に「レアアース管理条例」（以下、「本条例案」）を公表しました（略）。

中国工業情報部は「本条例案」付属の文書において、以下の3点を挙げ、立法の必要性を説明しています。
・国家利益と戦略資源産業の安全を守る観点からレアアースの統一的な管理が必要となっている。
・無許可の採掘、生産、取引に対する取り締まりを強化し、法律に則ったレアアースの生産経営秩序の規範化を行う必要がある。
・レアアースの採掘、抽出・分離のみならず、備蓄、流通、二次利用、輸出等を含むサプライチェーン全体の管理を行う必要がある」


これらに引き続き、中国は2023年8月1日からガリウム（Ga）とゲルマニウム（Ge）の輸出を規制した。対中ハイテク供与禁止の西側へ報復である。いずれも半導体、通信機器、太陽光パネルの材料に使われ、西側の中国依存度はかなり高い。

ガリウムはアルミと亜鉛の精錬の副産物で、英国の重要鉱物情報戦略センターによれば「94%が中国だ」と言う。これは半導体に使われる。生産国はロシア、中国、カザフスタンの三ヶ国。先進国が生産していないため、全体量の四分の三という寡占状況にある。

ガリウムの世界需要の70%は日本である。今後、日本企業はカザフスタンからの輸入を増やすだろう。

ゲルマニウムは亜鉛鉱の副産物で高熱に弱いため、近年の半導体に関してはシリコンが代替している。かつてゲルマニウムはトランジスタに大量に使われた、現在は光ファイバーに多用されている。このため日本の光ファイバー産業が甚大な影響を受けることになるだろう。具体的には住友電工、古河電工、フジクラ、通信興業などで、「戦略備蓄」という安全保障上の戦略的発想が希薄な企業が多い。ゲルマニウム生産国は中国が67%、次がロシアと米国で各4%、その他となっている。つまり、中国の報復措置により被害が深刻になるのは米国より日本なのだ。
しかし、中国のガリウムとゲルマニウムの輸出規制を聞いて、逆に喜色満面なのがコンゴ国営のジェカマインズやロシア国営のロステック、オランダのニルスターだ。受注が大幅に増える見通しが立ち、早くも生産拡大の準備に入った。
ジェカマインズのガイ・ロバート・ルカマ会長は「市場で入手できなくなったゲルマニウムを生産する」と述べた。ゲルマニウムの価格は上昇した、
ロシアのロステックはゲルマニウムの生産を増やす用意があると表明した。北米最大のゲルマニウム生産企業であるカナダのテックリソーシズは「輸出規制によってゲルマニウム生産はまったく影響を受けない」と発表した。

中国の狙いは西側の結束をばらばらにすること

中国は次に、レアアースの再禁輸に打って出るだろうと予想される。

米国の鉱山再開の動きが中国には神経過敏なほど気になるのだ。中国の狙いはサプライチェーンを押さえて西側の結束をばらばらに亀裂させ、半導体製造装置などと取引する脅迫材料として使うことにある。

米国、欧州、日本が「中国の台頭」を念頭に輸出規制を進め、その一環として日本政府は2023年3月31日、新たに半導体製造装置23品目を輸出管理の対象に追加した。軍事転用防止が目的である。

レアアースとは、31種類あるレアメタルのうち17種類の元素（希土類）の総称。レアアースはスマホ、EV、磁石、ハードディスク用ガラス基板や液晶パネルディスプレイ用の研磨材、自動車、石油精製の触媒などに使用される。中国がレアアースの供給の97％を占めており、早くからリスクが指摘されていた。

ランタン、セリウム、プラセオジム、ネオジム、プロメチウム、サマリウム、ユウロビウム、ガドリニウム、テルビウム、ジスプロシウム、ホルミウム、エルビウム、ツリウム、イッテルビウム、ルテチウム、イットリウム、スカンジウムである。

レアアースの埋蔵は米国が世界第1位、第2位が豪州だ。ところが米豪両国はレアアース鉱山の開発・採掘にまったく手つかずの状態だった。埋蔵地は放置されたままの状態がつい先日まで続いていたのだ。理由は環境問題である。

シェールガス開発が遅れたように、米国では歴代民主党政権は左翼人士が重視する環境保護運動に配慮して鉱山開発をなかなか認めず、輸入に依存する態勢を取ってきた。それというのも精錬過程で有毒物質を含み、環境汚染が甚《はなは》だしく、こうした「汚い仕事」は中国、インド、ブラジルに任せればよいとしてきたからだ。

このため中国内蒙古省の西端のフフホトと江西省がレアアース採掘、精錬ビジネスで潤い、フフホトの工業団地など「希土類工業団地」と命名され、広大な森林公園のなかに数社がひしめいている。空港近くには「レアアースホテル」の高層ビルが建ち、一大戦略拠点と化した。

十二年ほど前だったが、筆者が見学すると、何かの分科会が開催されていて「日本から取材に来た?」と関心を寄せられ、たくさんの中国語資料をくれた。あの時代は対日輸出に湧いており、日本は重大な顧客だったので大事にされたのだ。

米国政府は2019年にレアアース生産を促進するよう国防総省に命じた。また重要鉱物の供給を確保するためカナダ、豪などの同盟国と協力行動計画の策定で合意した。共和党のテッド・クルーズ議員(テキサス州)らがレアアース鉱山開発を認めよとする法案を準備した。また2020年に当時のトランプ大統領が「国内鉱業界の緊急事態」を宣言する大統領令に署名している。

この大統領令では、内務省に対し国防生産法の適用について調査するよう命じ、中国など敵対国に対する関税、輸入割当、貿易制限措置の導入に関する評価報告を求めた。

米国は「WASP」の国でなくなり、ドイツからはゲルマン魂が消えた

米国が半導体戦争で優位から転落した原因の1つに人種問題がある。これも、いやこれこそ米国のアキレス腱と言ってよいだろう。半導体と人種にいかなる因果関係があるか、訝《いぶか》る人が多いだろうが、米国の法律では多彩な人種を雇用するという条件があり、そうなると生産効率が悪い上に賃金が高いため、半導体生産は割りに合わないのだ。

2023年6月、米最高裁は二日連続でバイデン政権の間違った政策にNOを突きつけた。6月29日、大学入学に際してアファーマティブ・アクション（積極的差別是正措置）による人種別割り当てという制度は、一部の人種優遇であって憲法違反だとする判決を出した。トランプ前大統領は「素晴らしい判決」とコメントし、ヘイリー前国連大使も「勝者と敗者を人種で分けるのはおかしかった」とした。

ハーバード大学とノースカロライナ大学の保守団体「公平な入学選考を求める学生たち（SFFA）」が提訴していた裁判では、入学試験の選考で成績のほかに人種も考慮しているのは、合衆国憲法修正第14条の「平等保護条項」に違反し、白人やアジア系の志願者を

不利にしていると訴えていた。

ハーバード大学などが入学選考で人種を考慮しているのは憲法に違反しているとの最高裁判断であり、大学入試の査定で黒人やヒスパニック系を優遇するのは平等の原則にそぐわない。民主主義の基本原理を解釈した画期的な判決である。

次にバイデン政権を揺らした連邦最高裁判決は6月30日に出た。

「学生ローン返済免除は行政府の権限を超えており、その効力を認めない」と最高裁が判断を下した。学生ローン免除はバイデンが2022年の中間選挙で唐突に打ち出した選挙キャンペーンの一環で、敗色が濃かった民主党が盛り返した要因の1つと言われた。連邦政府が提供する学生ローンの借り手が最大2万ドルの返済を免除するとしたため、一部の州が債務免除は行政府の権限を逸脱しており不法だと提訴していた。

アメリカのものづくりには日本と大きな違いがある。

MBA取得組やMIT卒業などのエンジニアは、設計レベルで卓越した能力を発揮するが、生産現場には降りて来ない。

日本のように、トヨタの社長が現場で労働者と一緒に汗をかくという企業風土がない。だから頭でっかち、半導体は韓国、台湾に下請けさせればよいということになる。TSMCアリゾナ工場にしても、現場エンジニアは台湾から派遣される技術者を当てにしているのである。

人口動態を見ると、白人比率はかろうじて過半だが、黒人、ヒスパニック、アジア系移民が急増して、1970年代後半から本格化したアファーマティブ・アクションが雇用関係を複雑化し、アングロサクソン優位は遠い昔話となった。いまでは「白人原罪論」が蔓延《はびこ》り、価値観は無秩序に多様化した、というより分裂による大混乱に陥った。

プロテスタントは十数の派閥に分かれてまとまりがなく、逆に少数派だったカソリックが政治の主導権を握る。過去の歴史を否定するキャンセルカルチャーは英雄や歴代大統領の像を引き倒した。これは戦後日本の自虐史観と酷似するものの、日本の場合はWGIP（ウォー・ギルト・インフォメーション・プログラム）により、計画的陰謀的に日本人の歴史を改竄《かいざん》し、日本人を洗脳した。米国の場合、歴史観を改竄し、おかしな史観を植えつけたのは誰なのか。いろいろと考えるに、元凶は二段階革命を唱えるフランクフルト学派に行き着く。そしてその亜流たちが、例えばメタのマーク・ザッカーバーグのように漠然としたグローバリズムを信奉しているのである。

ＴＳＭＣのドイツ戦略

さて、TSMCは米国アリゾナ州と日本の熊本に半導体工場を新設するが、ドイツにも進出する。

中国人の伝統的な発想は分散投資。将来のリスクを回避するため、例えば子供たちも米国、豪州、カナダなどへ留学生として送り込み、いずれ分散移住させる。

TSMCのドイツ工場はザクセン州ドレスデンが有力で、数十億ドル規模の投資となる。ドイツで強い需要がある自動車用半導体を生産する予定でドイツ政府が補助金を出す。2024年に工場建設が始まる。

ドイツは戦争責任のすべてをナチスのせいだとして、ドイツ国民はナチスに欺《だま》されていたのだという詭弁で戦後を乗り切った。気がつけばナショナリズムが否定されていた。

ドイツがかつてナチズムを生んだ国、世界を相手に闘った国だったという歴史を、現在のドイツでは認識できないことになった。ドイツ人口は8440万人、このうち外国人が1230万人。じつに15%が外国人！　内訳はトルコ人が134万人（敗戦後、男子が急減し労働人口が不足したため、トルコから労働者をかき集めた。その末裔が増殖した）。

次いでウクライナ人が105万人。人道支援のため受け入れたが、宿、食糧、福祉などで支援疲れが顕著である。かれらはドイツに居候を続けるだろう。

三番目が88万人のシリア難民。これもトルコが西側諸国に難民支援をシェアすべきとして、難民を送り出したからだ。それでもトルコにはまだ370万人のシリア難民を抱え込む(2023年6月現在)。

かつてドイツはものづくりに優れ、工業機械、自動車で世界に冠たる製鉄技術や鉄道、鉱山技術などもあった。フォルクスワーゲンもメルセデス・ベンツもBMWも世界のベストセラーだが、ハイブリッド技術でトヨタに追い越され、EVでは中国の猛追を受け、ドイツ銀行はスキャンダル続きとなった。

学校制度も1970年代前半までは、職業訓練を受ける学校へ多くが進学した。日本と同様に、この傾向は廃れた。ドイツでも猫も杓子も四年生大学へ行くようになる。つまり労働者は外国人に依存しなければならなくなった。

流入した「難民」の多くがイスラム教徒だった。キリスト教文化と相容れない異教徒が様々な摩擦を引き起こし、さらには難民による凶悪犯罪が急増し、メディアは伝えなくても国民は日常生活でその脅威を実感している。

2023年6月21日、中国の李強首相は初の外遊をドイツにして、ロボット工場などを視察し「技術協力が重要である」などと述べたが、ドイツのメディアから格別の反論はなかった。

中国は明らかにドイツに食い込んで、半導体を含むハイテク技術を盗取するつもりである。

ドイツ政治は左派が牛耳り、現在のオラフ・ショルツ政権は極左過激派の「緑の党」を含む連立であり、その政権の中枢の国防と外交を「緑の党」が占め（国防相は途中で交代）、過去の主張を忘れて「ロシアと闘う。プーチンを退場させレジュームチェンジが実現するまでウクライナを徹底的に支援するのだ」と言っている。ネオコンとほとんど変わらない

国益を問い、ドイツ第一を掲げる政党（ドイツのための選択肢）はドイツ保守派、穏健派に広く支持されるものの、なかなか多数を得票できず、また左翼メディアが同党に「極右」のレッテルを貼るため選挙で苦戦を強いられている。ドイツ世論は窮屈な空間を醸し出すようになった。人工的労働構造の多民族国家として、ドイツはこれから効率的な経済運営が可能だろうし、おそらく数年以内に日本のＧＤＰを越えるだろう。だがゲルマンの精神は行方《ゆくえ》が知れず、グローバリズムが正義と奉《まつ》られ続けるだろう。はたしてそれでよいのか？

「ウクライナへの武器供与を打ち切れ、最優先は台湾だ」と米国共和党の声

2023年6月23日、米上院が可決した国防権限法は米国が台湾軍を支援し、軍事サイバーセキュリティに取り組むプログラムを開始すべきとする条項を盛り込んだ。明文化していないが、半導体戦争で西側の優位を守るために諸政策を予算化している。米上院軍事委員会は台湾と軍事協力の条項を含む2023年度の国防政策・予算案を可決した。8863億ドルという空前の国防予算が委員会で承認された。

この要旨は「米国は中国およびロシアとの長期的な戦略的競争を考慮し、インド太平洋地域における姿勢の強化を目指す」とし、その一環として「台湾軍に対する包括的な訓練、助言、組織的能力構築プログラム」を確立することが含まれる。「軍事サイバーセキュリティ活動における協力を拡大する目的で台湾の適切な当局者との関与」も求めた。米国は台湾防衛で相互運用性を向上させる目的の共同訓練、台湾との防衛協力をさらに拡大する必要があると明確なシグナルを発信した。

ダン・サリバン米上院議員は、台湾を「武器売却引き渡し優先リストに入れる」という法案まで提案した。共和党のリック・スコット上院議員と共同提案で「目的は台湾を優先

順位の先頭に置くこと」（つまりウクライナ優先はもはや不要と言外に示唆している）。

サリバン法案は国防長官に対し「実質的に同様の物品やサービスをほかの外国軍需品販売顧客に提供する前に、台湾に防衛物品やサービスを確実に提供すること」を義務づけるものだ。

２０２２年末時点で、海外軍事販売プログラムに基づく台湾への米国防衛品の納入残高は、ハープーン対艦ミサイルやF16戦闘機など約１９０億ドル相当にのぼった。２０２３年にはさらに数十億ドルが追加された。ウクライナへの支援は１２５１億ドル（ニューズウィーク、２０２３年8月29日号）。このうち３３０億ドルが武器供与だ。返済されることはないだろうから、きちんと支払いを続ける台湾とは比較にならない。

世界同時に変調の兆し

変調の兆しがある。それも突然の「変調」が世界同時に起きている。基軸は中国の経済低迷と西側の中国制裁であり、環境の激変が原因である。

麒麟児はテスラのマスクだった。ツィッター買収以後の業績不調を乗り越え、ツィッターの社名をXに改称した。テスラは米国で１１３億ドルを売り上げ、中国では57億ドル。

7月24日時点での株価は268ドル台に回復したが、昔の勢いはない。慌てたマスクはプライベートジェット機で訪中し、5月31日に北京で丁薛祥副首相と（失脚前の）秦剛外相と面会した。

マスクの焦りは、上海のテスラ工場の増設計画が暗唱に乗り上げ、一方でテスラEV販売のトップの座を中国のBYDに奪われたことだった。中国のテスラ優遇策が終わっているのである。上海浦東に進出に当たって、当時の上海市書記だった李強（現首相）は合弁条件を撤廃し、テスラの100％現地法人を認め、免税等の優遇措置を講じた。政治宣伝の道具に使われた。

EVの中国での売れ行きはBYDの大躍進がある。日本車の販売減少も深刻な問題で「撤退」が視野に入った。中国の突然の「EVシフト」に直撃を受けたのである。

2023年第一四半期の、日本勢の中国での乗用車販売台数は前年比32％という驚くべき落ち込み、レクサスですら15％の販売減だった。三菱自動車はガソリン車の現地生産を停止した。トヨタは中国の広州工場で1000人をレイオフすると発表した。

さて、騎虎の勢いを示した中国EVのトップBYDはインド進出案件を、突如取りやめた。インドの経済紙『エコノミック・タイムズ』（7月22日）によると、インド政府はメガ・エンジニアリング・アンド・インフラストラクチャー（ハイデラバード）と提携して

10億ドルの工場をインドに設立するとしてきたBYD提案を拒否した。

フォックスコン（鴻海精密工業）はインドとの合弁プロジェクトをキャンセルした。

インドの金属・天然資源大手のベダンタと交渉してきた半導体合弁会社から撤退する。スマホなどの受託製造で世界最大手のフォックスコンは、過去一年に渡ってベダンタと提携を進めてきた。

しかも、モディ首相の地盤グジャラート州に半導体とディスプレーを生産する合弁会社をとりあえず設立していた。

半導体のインド拠点は、いくつかの問題をクリアしなければ前に進まないプロジェクトである。

第四章

台湾有事となると、半導体生産拠点はどこへ？

ＴＳＭＣ工場の丸呑みを狙う中国

ＴＳＭＣ（台湾積体電路製造）は現在、世界最先端にして最大の半導体受託製造企業（ファンドリ）である。

台湾においても最大級の企業で、新竹市の新竹サイエンスパークに本社がある。このサイエンスパークは技術都市とも言えるが、広大な工業団地だ。筆者は何回かこのサイエンスパークを取材しているけれども、近くに日本の縄文時代前期と同時代の遺跡がある。海洋民族で縄文人の先祖と考えられる人たちが海流に乗って台湾島にも上陸していた。つまり台湾原住民は南方から渡海してきた縄文人と同祖である。

ＴＳＭＣの製品用途は補聴器やスマートフォン、クラウドデータセンター、人工衛星、科学機器、宇宙船などに採用されて、世界最先端の３ナノ半導体量産体制に入った。３ナノが生産出来る企業は、現時点では台湾ＴＳＭＣと韓国サムスンの二社だけだ。

「台湾ほど重要な国はない」とする論文が掲載されたのは『フォーリン・アフェアーズ』最新号である。はて、どこかで聞いた台詞？

かつてマンスフィールド駐日大使（元上院議員）は「日本ほど重要な国はない」と発言

し、書籍まで出した。

フーヴァー研究所フェローのラリー・ダイアモンドとジム・エリス、アジア協会米中関係センターのアーサー・ロス所長とオーヴィル・シェルの共同論文では、台湾を危険にさらすことなく半導体サプライチェーンを強化する方向性を述べている。

「米国は中国との経済的、技術的、戦略的競争で勝つ可能性を高めるために、信頼できる国際パートナーを必要としている。この取り組みにおいて台湾ほど重要なパートナーはない」（『フォーリン・アフェアーズ』２０２３年７・８月号）

すなわち米国の意図は、半導体の世界的なサプライチェーンの確保と台湾の安全確保という二つの目標を同時に追求するための戦略を構築する必要があると述べており、「二重課税を排除する条約と自由貿易協定が米国と台湾の経済的・技術的関係を強化できる。米国が台湾に効果的な兵器、機動的な兵器供与が重要」と当該論文は繰り返し述べている。

この動きに台湾メーカーが別の行動に出た。

ＴＳＭＣが、次世代２ナノ半導体を２０２５年から新竹工場と台中の工場で量産開始するが、新設する高雄工場でも２ナノ半導体を生産することが７月のＣＥＯ会見でわかった。

ＣＥＯの魏哲家は「過剰生産能力を避けるため、高雄工場では当初計画していた28ナノ半導体を生産しない」。

ならば、どこで28ナノ半導体を生産するのか？

ＴＳＭＣは日本の熊本新工場と中国の南京工場で28ナノの生産能力を追加しているが、ある事情通が嘆いた。「日本は舐められたものだなぁ。中国と同列レベルだもの」と。

28ナノ半導体の用途は広範な分野に及ぶ。主にクルマだが、ノートパソコン、タブレット、テレビ、スマホ、ゲーム機器など汎用製品に使われ、価格競争が激しく、いずれ無用の長物になりかねない。

２０２２年12月６日のことを思い出した。アリゾナ州のＴＳＭＣ新工場起工式で、バイデンとともに演説したＴＳＭＣ創業者の張忠謀は、「地政学的な政治変局が新たな情勢を生み出し、グローバリゼーションはすでに死に瀕《ひん》しており、自由貿易もほぼ死んだ」と発言した。これにはバイデンのやり方に不満が溜まっている。米国の恣意的なやり方に挑発しているのである。バイデンは途中で退席した。そもそも張忠謀という名前は「はかりごとに忠実」という意味で、中国人のセンスでは謀略は日本人のような悪いイメージは付帯しない。壮大な計画を立てる賢さを示唆する。

機敏に反応したのがトランプ前大統領だった。

トランプの認識では「台湾が米国から半導体事業を奪っている」となる。7月16日のFOXニュースのインタビューでもトランプは、「台湾は賢くて優秀で、私たちのビジネスを奪いました。私たちは彼らを止めるべきだった。私たちは彼らに課税すべきだった」

中国との戦争の危険を冒して米国が台湾の防衛を支援すべきかとの質問に対し、トランプは「もし私が大統領だったら、自分の考えを人々に知られたくない。事前に明かせば交渉で非常に不利な立場に置かれるからだ」とタフネゴシエーターとしての立場を堅持し、土壇場までの曖昧戦略は維持するとした。

「中国が台湾を手に入れたら、世界を変えることができるでしょうか？」との質問に、トランプは「中国が台湾を奪えば、世界を閉鎖する可能性がある。覚えておいてほしい、台湾は賢い、彼らは我々のビジネスを奪おうとしている、我々は彼らを止めるべきだ、彼らに長く税金を課すべきだ」

事実関係にトランプは無頓着である。日本の半導体産業を潰したのは米国であり、台湾に先端技術を供与してTSMCを育てたのは米国だったという過去の経緯など、度外視している当たり、甚だしく認識不足である。

日本もアメリカも政府補助金をつけてTSMCを呼び込む。しかしTSMCは米国では

3ナノを生産すると明言しているが、2ナノは台湾の三つの工場で生産すると言っているのである。

これは米国の国家戦略と、それに対応する台湾の国家安全保障政策との齟齬《そご》を表し、企業それぞれの世界戦略を宣言したということである。TSMCと米国は開発競争の原産地問題で今後、大いに揉めるだろう。

台湾でもトランプは人気が高いのだが……

トランプ前大統領は台湾で人気がある政治家だが、半導体に関する「失言」に対して台湾の政官財界は一斉に批判に転じた。

「台湾が米国の半導体事業を奪った」との発言に対し、王美花経済部長（経済産業大臣に相当）は「台湾と米国は重要なビジネスパートナーである」とし、「主要な顧客は米国から来ているが、台湾は半導体装置の多くを米国から調達している。台湾と米国はライバルではなく、重要なビジネスパートナーだ」と述べた。

トランプ発言は台湾メディアで広く注目を集め、大騒ぎに発展した。中国が攻撃した場合に台湾を守るつもりはないことをほのめかしていると分析する評論家や、半導体の二国間貿易を制限するとの発言もあった。台湾でTSMCに次ぐ半導体ファンドリーの大手UMC(聯華電子)の胡國強CEOは、トランプ大統領のコメントに対してより簡潔な反応を示した。「トランプ大統領は半導体業界についてまったく無知だ」。

米国は10～22ナノのレベルで世界シェアの45％を誇るが、10ナノ以下はインテルといえども台湾勢に追いつけず、IBMは日本の8社に呼びかけ、ラピダス工場を千歳に開設して、2027年にいきなり2ナノに挑むと宣言した。最先端は2ナノ開発である。そしてTSMCの独走態勢にある。

かくして、米国が優位性を失ったことに平均的アメリカ人は焦燥を抱いており、半導体をめぐる微妙な政治タイミングだけに、トランプ失言は尾を引きそうだ。

ファンドリ市場で世界の六割のシェアを誇るTSMCは、第2位の韓国サムスン電子(13％)を大きく引き離している。

このTSMCの創業者は台湾人ではない。中国寧波出身の張忠謀は浙江華人、蒋介石と故郷が同じである。国共内戦中で中華民国が敗れる前に、張は香港に移住した。翌年に渡米し、ハーバード大学に入学したがマサチューセッツ工科大学(MIT)に編入し、1953年に修士号を取得した。1955年、博士課程を中退、半導体のシルバニア・セミコンダクタに採用された。1958年、テキサス・インスツルメンツ（TI）に転職し、1964年にスタンフォード大学で電気工学の博士号を取得した。TIに四半世紀、最後は副会長。TIを退職し、ジェネラル・インストゥルメントの社長に就任した。

中華民国の経済部長だった孫運璿に招聘されて工業技術研究院董事長兼院長に就任し、台湾の産業と技術の発展を促進する役割を担った。孫も山東省出身、蒋介石の経済ブレーンだった。

張忠謀は1987年にTSMCを設立した。世界最大の半導体メーカーとなるまでの経緯は多くの伝記に書かれた。張は国際的な有名人と成りおおせ、APECには台湾代表として二回出席した。

現在のTSMCのCEOは劉徳音で、資本金は2600億NTドル（1・1兆円）。従業員数6万5000人。米国内工場はワシントン州カマス工場が既存だが、加えてアリゾナ州フェニックスに400億ドルを投じ、4500人のエンジニアを新たに雇用する。TSMCは日本にも支社がある。TSMCはいまや最も地政学的に重要な企業である。これまで世間には同社の名前はあまり知られていなかったが、米中の対立が深刻化するにつれて存在感が高まり、国際政治のカギを握るプレーヤーとして表舞台に躍り出た。

台湾にはUMC、力晶科技（パワーチップ）、世界先進積体電路（バンガード・インターナショナル・セミコンダクター）など有力なファウンドリーがあるが、TSMCの規模は突出している。

その強みの1つは、世界の半導体企業と繋がるネットワークにある。TSMCに生産を委ねる企業は世界におよそ五百社。これらの企業との取引を通して、世界の需要動向を把握できる。市場から遠い工場でありながら、実際には市場の近くで流れを観察できる立ち位置にある。

TSMCはソニーグループなどと共同で熊本県に二つ目の新工場建設も決めた。ソニーグループは工場が建設された場合、台湾からの調達を日本国内に切り替えることが可能になる。安定供給に期待感を示している。

ソニーグループは半導体事業で2024年度から三年間で9000億円規模の設備投資を行う。

ソニーは長崎県にある工場で現在進めている設備増強に加えて、熊本、大分、山形などの各県の工場の設備投資を進める。

中国人学者が公言。「ＴＳＭＣはそっくりいただく」

「中国はロシアのように西側から厳しい経済制裁を受けた場合、台湾を支配下に置いてＴＳＭＣを手中に収める必要がある」と著名な中国人学者が主張した。

これは中国政府系研究機関のエコノミスト、陳文玲が２０２２年5月に中国で開催されたセミナーで口をすべらせた。当該セミナーには台湾人ビジネスマンも多く参加していた。その席上だから台湾に衝撃を運んだ。

２０２３年春、カリフォルニア州にあるミルケン研究所の会議で、マサチューセッツ州選出の民主党下院議員セス・モールトンは、「もし台湾が侵略されたら米国は中国に反撃を加える意思があると明確にする」と発言した。言外に「ＴＳＭＣを爆破・破壊する」と示唆している。

台湾国防相の邱國成は「米国の攻撃は容認できない」とメディアのインタビューに答えた。国防相がわざわざ反論するほどに台湾では大問題となったのだ。

ジャレッド・マッキニー米空軍大学助教授は「戦争となれば、台湾の最も戦略的な産業資本へ中国のアクセスを拒否するのは当然だからＴＳＭＣ爆破計画が飛び出してくる。しかしながら、このシミュレーションはむしろ中国の偽情報《フェイク》であり、『米国の台湾破壊計画』をでっち上げ、両国政府間に楔《くさび》を打ち込む戦術だ」と解釈している。

もっと穿《うが》った考えを言えば、台湾が征服されればTSMCなど関心事ではなくなる。侵略され台湾が負ければ、台湾国民は厳しい弾圧や新疆《しんきょう》ウイグル自治区のような再教育キャンプにぶち込まれるだろう。ゆえにTSMCを破壊するぞと中国を脅迫すべきは米国ではない。むしろ台湾である。

世論調査のラスムッセン・リポートが発表した7月28日付の報告によれば、アメリカ人は「台湾が中国に侵略された際、米軍の派遣に42％が賛成、46％が反対」という、微妙な空気であることがわかった。

バイデン政権の中国への経済制裁を支持するとしたのは79％で、このうちの60％が制裁を「強く支持する」と回答し、人民解放軍が台湾に侵攻しても米国の対中制裁に反対すると答えたのは12％だった。

アメリカ人有権者の過半は空と海からの軍事介入を支持しているが、地上軍の投入は必ずしも含まれていない。つまり米兵ではなく軍用機や軍艦の派遣に限定されている。米国の民主党も共和党も中国に対して厳しい姿勢を取っているが、人民解放軍が台湾に侵攻した場合、アメリカ国民は明らかに戦争に介入して米国人に死傷者を与えるよりも経済制裁で対抗する傾向がある。ウクライナへの世論調査の雰囲気に似ている。「経済制裁」の強化で対応出来るとする不介入主義が目立ち、アメリカ人は武力紛争への関与に反対するようになったことがわかる。

台湾でTSMCを猛追する半導体メーカーはUMCである。創業者は曽興誠。受託製造で世界シェアは世界第3位。台湾証券取引所及びニューヨーク証券取引所上場企業だ。UMCはシンガポールにも半導体製造工場を持つ。

2022年9月1日、創業者の曹興誠は記者会見を開き、「私財10億台湾ドル（約45億円）を投じ、中国の台湾侵攻が現実となった場合に防衛を行う『民間勇士』三百万人以上を育成する」という計画を発表した。内容は今後3年間に軍と連携して活動できる「黒熊勇士」訓練に6億台湾ドル（27億円）を、「狙撃手」の要請と訓練に4億台湾ドル（18億円）を充てるとした。防弾チョッキを着て記者会見に登場した曹興誠は、中国の台湾に対する武力行使は「意図的な虐殺、悪質な戦争犯罪、人道に対する罪」になると警告し、「中国共産党の本質はフーリガンだ。彼らはソビエト連邦から暴力とうそを学んだ」。中華人民共和国は「政府と国家を装ったギャング組織だ」「台湾に対する中国共産党の脅威は増大している。この脅威との戦いは、奴隷制に対する自由、権威主義に対する民主主義、野蛮に対する文明を意味する」として、台湾をもう1つの香港にしてはならないと強調した。

余談だが、筆者は1999年に竹村健一と一緒にこの曽興誠にインタビューしたことがある。四半世紀も前のことで詳しい記憶がないが、物静かなビジネスマンという印象だった。その紳士がいまや、これほど戦闘的な姿勢を見せるのも中国の態度が我慢の限界を超えたからだろう。

台湾のウエハー企業も米国へ進出する。経緯はこうだ。

米中の半導体戦争の過程で、「台湾の半導体企業は米国や欧州の企業との連携を深め、世界のサプライチェーンに影響を与えるべきだ」と環球晶圓の陸明光が語った。陸は親会社「中美沙晶」の元会長。

陸は「台湾が中国と提携して巨大な半導体市場を開拓するという中芯国際集成電路製造（SMIC）創設者の張汝京の提案に同意しかねる」とした。張は上海に拠点を置くGTA（積塔半導体）に移籍し、取締役を務めているが、「彼は人生の大半を中国で過ごしてきたので中台提携を提唱するのは当然だろうが、台湾の愛国者の観点からすると、彼の発言は受け入れられない」と陸明光は台湾の工業技術研究院の創立五十周年の祝賀大会で語った。張汝京は台湾からみれば「裏切り者」である。

「まさにＴＳＭＣが模範である。台湾企業が（中国とは組まずに）米国、ドイツ、日本で製造を拡大し、世界のサプライチェーンへの影響力を高まることが安全保障だ」とした。

世界第３位のシリコンウエハーのプライヤーである環球晶圓はテキサス州に12インチ幅のウエハー新工場を建設し、50億米ドル（７２５０億円）を投資する。月間１２０万枚のウエハーを生産し、２０２５年に操業開始とした。

米マイクロンとインテルのトップ二人が訪中

七月に中国を訪問したのはインテルとマイクロンのＣＥＯである。

インテルのＣＥＯゲルシンガーは半導体世界で有名な存在で「１０００億個を超えるトランジスターが埋め込まれるＩＣチップの実現は近いが、２０３０年までには1兆個がパッケージになる半導体が登場するだろう」との予測でも知られる。

マイクロンは中国から半導体の輸入を禁止された（セキュリティ審査不合格とされる）が、「それなら中国の西安に新しく半導体工場を造る」とし、バイデン政権の基本方針とは真逆の企業戦略を描き、北京で関係者と会合を重ねた。

ゲルシンガー会長とマイクロンのＣＥＯサンジェイ・メロトラは中国の王文濤（商務大臣）と会見した。王文濤は哲学専攻の大学教授だったが、黒竜江省省長などを経て政治家に転身した実務家である。

マイクロンは陝西省西安市の半導体パッケージング工場に８５０億円を投入して新しい半導体生産を始める。

一方で、マイクロンは台湾に大工場を持ち、シンガポールにも生産拠点を持つ上、インドへの進出意欲も見せている。加えて３０００億円以上を投資して広島に新工場を建てる。マイクロンが強いのはＤＲＡＭ、フラッシュメモリなどで自動車、スマホ、パソコンなどの汎用半導体である。広島に新工場建設は、台湾有事を考慮したカントリーリスク上の決断である。日本に登記されているマイクロンの子会社は二つ。神戸製鋼所とテキサス・インスツルメンツの流れを汲むマイクロンジャパン（旧ＫＴＩセミコンダクター）。もう１社は日本電気と日立製作所、三菱電機からの流れを汲むマイクロンメモリジャパン（旧エルピーダメモリ）である。

英アームと並ぶＩＣ設計大手のＡＭＤ（アドバンスト・マイクロ・デバイセズ）ＣＥＯ

のリサ・スーは台湾を訪問し、「台湾の半導体の進歩は信じられないほど速く、非常に効率的である。世界の半導体エコシステムの中心である」と称賛した。

半導体は「日進月歩」というより「秒進分歩」の世界で、その開発のトップを走るのが台湾のTSMCであることは世界周知のこと、AMDのリサ・スーCEOは、じつは台湾の台南生まれ、三歳のときに米国に移住した。米国企業初の女性CEOであり、また米国半導体業界で初の華人女性だ。だから彼女は「半導体の女王」と呼ばれる。

AI開発の問題について、リサ・スーは生成AIの変革力を強調し、「AIは今後十年以上に渡って決定的なメガトレンドになるだろう」として次のように述べた。「生成AIは、私たちの考え方を大きく変えました。世界中のあらゆる製品、あらゆるサービス、あらゆるビジネスがAIの影響を受けることがわかりました。このテクノロジーは私がこれまでに見たものよりも速く進化しています。いまは信じられないほどエキサイティングな時期であり、業界をより速く推進するために私たちが団結する機会でもあります」とした。

彼女は台湾ではTSMCのほかに、ペガトロン（和碩聯合科技）、クアンタ・コンピュータ（広達電脳）。ボードメーカーのマイクロスター・インターナショナル（微星科技）、ギガバイト（技嘉科技）を訪問し、帰路、日本に立ち寄った。リサ・スーは日本経済新聞の取材に応じて「AIは数年以内に18兆円ビジネスに拡大する」とし、またラピダスの2

ナノへの挑戦は「難しいだろうが、新しい競争を産む」と前向きな回答をしている（7月22日付）。

こうして見ると、半導体業界はそれぞれの企業戦略を持ちながらも、バイデン政権の対中ハイテク封じ込めには必ずしも協力的ではないことがわかる。

シリコンウエハーは半導体で最も広く使用されている材料で、豊富に存在する。ところが、中国が輸出を制限し始めたゲルマニウムとガリウムは、世界供給の40〜70％を中国が握っており、世界のサプライチェーンは中国の随意で寸断される。スマートフォン、ラップトップ、ソーラーパネル、医療機器など無数のデバイスや防衛機器に用いられている。

ゲルマニウムはシリコンよりも宇宙放射線に対する耐性が高いため、太陽電池などに有益である。

ガリウムはシリコンよりも高性能で低消費電力な半導体用途に使われ、とくに青や紫のLEDやマイクロ波装置などに使用される。

TSMCはガリウム、ゲルマニウム規制にいかに対応するか注目していたが、「ガリウムやゲルマニウム関連製品の輸出規制は生産に直接的な影響はない」との見通しを発表した。

オプトエレクトロニクスデバイスにガリウムを使用している台湾の穏懋半導体（ウィン・セミコンダクターズ）は「中国から購入している基板はわずかで、大半はドイツや日本から調達している。したがって中国の規制がウエハーの生産・納入に与える影響は非常に限定的だ」とした。

全新光電科技（ビジュアル・フォトニクス・エピタキシー）も複数の基板サプライヤーを抱えており、中国の規制による影響はほとんどないと指摘した。サプライヤーのうち1社は米半導体ウエハーメーカーのＡＸＴである。

ＴＳＭＣの不安とは

はたして行く先はすべて薔薇色か？

ＴＳＭＣの当初の計画では、アリゾナ工場への投資は120億ドル（1兆7400億円）だった。トランプ前政権は補助金を約束し、それが後押しとなって2020年に米国への新工場投資を決めた。

そのアリゾナ州工場へ追加で400億ドル（5兆8000億円）にも及ぶ投資は「悪い決定だった」と書いたのが、歓迎する筈《はず》の米国『ニューヨークタイムズ』なのである。

近未来に拡がる暗雲とは何か？

第一に、ＴＳＭＣが本拠とする台湾とは異なり、米国での労働条件と賃金を比べての生産効率が悪く、投資に見合う結果をもたらすであろうかという経営管理の疑問である。資本主義に立脚するコスパ（費用対効果）論だ。

第二に、台湾から数百人のエンジニアが米国へ赴任することになるが、発給ビザの問題に加えて子供たちの学校問題があり、それればかりか、現地手当として台湾における給与体系に上乗せされても米国のインフレには追いつけない（脱線だが、アメリカの物価高は深刻である。チップを含めて昼飯に５０００円は常識、煙草は一箱がＮＹでは税込み１５０ ０円〈カートンではない〉、地下鉄もＮＹだと初乗りが４３５円。場末のホテルですら一泊が税込みで２万５０００円！　ちなみにこのクラスのビジネスホテル、日本だと４８０ ０円ぐらいだ。だからアメリカ人が日本へ来ると「安い、安い」の連発となる）。

第三に、米国は国家安全保障の観点からハイテクの輸出規制を強化するが、一方でインテル、クアルコムなどの半導体輸出は全面禁止ではなく許可制だった。つまりザル法に近いのである。２０２３年３月から少し規制が強化されたが、それでもマルコ・ルビオ上院議員などは「バイデンの規制強化なぞ〝お笑い草〟だ」と批判している。

第四に、半導体需要に陰りが目立つ上、今後は日本、韓国勢の追い上げがある。米国の対中禁輸措置とサプライチェーンの寸断だけが原因ではなく、世界的に半導体のニーズが減って需給バランスが大きく後退している。スマホの買い換え急減、パソコンの在庫増加などが原因である。

第五に、バイデン政権の地政学的価値観と、TSMCの商業としての競合に勝つという戦略とは、出発点が大きく食い違っているとニューヨークタイムズが懐疑論を投げかけた。

台湾フォックスコンはインドとの合弁工場プロジェクトを取りやめた

台湾のフォックスコンがインドの金属石油複合企業ベダンタと合弁で195億ドル規模の半導体工場を設立するとした計画は突如、白紙に戻った。

インドの実業界ではこの話で持ち切りである。世界一の半導体の国からインドが喉から手が出るほど欲しいビジネスがやって来る筈だったから。この合弁事業はインド初の半導体ファンドリー工場で、しかもモディ首相の地盤グジャラート州に建設される予定だった。

フォックスコンは「ベダンタ社と一年以上に渡って協議したが、合弁事業を解消することを相互に決定した」と簡単な声明を出した。

モディ首相はエレクトロニクス製造の「新時代」を追求するインドの経済戦略において

半導体製造を最優先事項としてきた。したがってフォックスコン撤退は夢に水を差された格好だが、原因はインドの官僚主義により、ものごとが迅速に行かないことにあるのも事実だろう。しかしインドはフォックスコンの企業体質に、むしろ中国の匂いを嗅ぎ、体質が合わないと判断したのではないか。同社は台湾企業とは言いながら体質は中国的すぎるからである。

インド側はフォックスコンの行儀の悪さ、ビジネスマナーの悪辣《あくらつ》さを協議の過程で認識した。そこには台湾人気質ではなく、中国の独特なやり方を嗅ぎつけたのだ。

フォックスコンは中国名が鵬海精密工業、ときに富士康とも言い、町の電機部品工場から急成長した。中国に進出して部品供給、組み立てなど何でもござれ、ヒューレットパッカード、デル、アップル、任天堂、ソニー、マイクロソフト、グーグルなどの組み立てでぐいぐいと企業を成長させた。一時は中国国内の9都市に13の工場を経営し、過酷な労働環境のため労働者がストライキ、暴動を頻発させた。深圳《シンセン》工場では吹き抜けビルの高層階から飛び降り自殺が数件立て続いた。このため吹き抜けの階層ごとにネットを施行した。これは映画にもなった。

一時は中国国内だけで百万人の従業員を抱え、しかも共産党の支部結成命令があったので、3万人が共産党員と判明した。これが台湾で大問題となった。

なぜなら、フォックスコンCEOの郭台銘は次期台湾総統選挙へ向けて出馬準備をしていたからだ。2016年に日本のシャープ買収でも勇名を馳せたが、じつは系列の液晶パネル企業の群創光電は、台湾の奇美電子を買収したものである。この経過は北京の政治が絡む。奇美電子の親会社である奇美実業のCEOだった許文龍が李登輝と親しく、台湾独立運動支持者だったため、中国工場幹部を人質に取って許文龍を脅迫した。台湾各紙に「台湾独立を支持しない」とする意見広告を出させた。

それですっかり嫌気が差した許文龍は中国大陸に設立していた液晶パネル会社を郭台銘に売却したのである。

フォックスコンはすでにインド南部のチェンナイ工場を持ち、アップルのアイフォン14を生産出荷している。同じくチェンナイには台湾ペガトロンも進出し、アイフォンを組み立てている。アップルはインドでは高級品でシェアは5％程度だが、富裕層が増えているため売り上げは伸びているという。

加えてフォックスコンは「インドのシリコンバレー」と言われるハイデラバードで新規工場の起工式を済ませ、また「インドの軽井沢」と言われるバンガロールにも300エーカーの広大な土地を購入済みである。新たなインド投資は860億円である。海外ではほかにチェコ、ブラジル、メキシコに携帯電話などの工場があってアイフォンの組み立てをしている。

6G開発で日米が連携へ

AI、IoTという新語が毎日のようにメディアに頻出した一時期があった。昨今の流行語はAI、ChatGPTである。

スマホが携帯電話を越えて主流となり、パソコンは小型化、多機能化して海外でも通信が出来る。世界のニュースを同時に共有出来る時代となった。新聞社、通信社は当然だが、例えば筆者なども台湾選挙取材ではホテルから原稿をパソコンで送信する。20年前はファックスで送稿していたことが大昔の文明のような気がする。月刊誌『正論』に台湾選挙の速報を送稿したときは台北の産経新聞支局のファックスを使わせてもらった。ホテルからの送稿では一枚1000円ほどかかった。

IoTとは、あらゆるモノ、事象がコンピューターに繋がるという意味だ。

企業が業務の効率化、製造の技術革新と合理化を目的に力を入れている。AI、IoTが次の社会を築き上げようとしている、未知の、しかし確実にやって来る社会への対応である。

ＡＩ（人工知能）は囲碁、チェスのチャンピオンを負かした。この程度のことに驚いてはいけない。運搬や塗装などが専門だったロボットは愛玩、介護ロボットなど実用段階からセックスドールにもなり、やがて兵隊に代替する軍事ロボットになる。中国、ロシア、米国ではこの方面の研究開発が進んでいる。筆者が『軍事ロボット戦争』（ダイアモンド社、絶版）を書いたのは１９８２年。当時、防衛関係者から「漫画の世界か」とからかわれた。

現にドローンはＡＩを積み込み、高精度のカメラを搭載して山奥でも洞窟に潜む敵でも見つけ出し、殺害できる段階にあるし、無人の潜水艇がテスト運用されている。アルカイーダのナンバー2だったテロリストを、米軍は隠れ家を突き止めドローンで殺害した。イランの革命防衛隊のボスも同様に。

自動車がＡＩによって無人化し、いずれ製造業もロボット労働者が主流となる。日本は人手不足を嘆くが、大工をのぞいて単純労働者は不要となる時代がすぐそこまで来ている。山間部や島嶼では宅配便もドローンがなす時代だ。

しかしながら失業が激増すれば社会は暗くならないか？

現に米国ではハリウッドでストライキが起きた。この稿執筆時点の２０２３年9月中旬現在まだストライキ続行中で百日を超えた。

ハリウッド映画は左翼的な偏向が激しく、その上、少数民族が主役を張る時代となっていた。レディー・ガガとか、メリル・ストリープとか、有名俳優はトランプ嫌いのパフォーマンスを繰り広げてきた。この点は日本の映画界も同じだが、日本の場合はテレビが映画を斜陽にした上に、左翼イデオロギーではなく、画面や製作、舞台装置があまりにも貧弱で、自ら滅亡の道を選んだとも言える。現在のハリウッドのストライキは背後に極左思想が希薄である。ロスのネットフィリックス本社前に集まったデモ隊は、主要な製作会社までデモ行進を繰り返した。

訴えは労働条件の改善、賃上げが相場と思いきや、外れ。

「AIが仕事を奪う、俺たちは失業する」という深刻な現実、これまではバーチャルリアリティとして本気では捉えず、AIの出現で画像処理技術が上がってサスペンスを盛り上げる効果抜群などと言われ、AI脅威視する俳優もカメラマンも少数派だった。ところが最近の映像はほとんどがコンピュータ処理されて、もちろんその方が迫力がある。例を挙げるとキリがない、『スパイダーマン』、『ターミネーター』、『ジュラシックワールド』の恐竜同士の決闘場面から、アクション映画の冒険や乱闘画面、災害でも大都市に津波が来たり、地震で人々が谷底へ落ちて行く画像など、もちろん実写ではない。まして脚本はChatGPTが書いてしまう？

主演俳優の百ほどの面相をＡＩが記憶すれば、後は画像処理が可能だから将来のハリウッドは暗澹たる霧に包まれるだろう。

ＡＩの悪用はすでに多発している

ＡＩは必ずしも明るい未来を運ばない。

それればかりかＡＩが悪用され、世界的規模のサイバー・テロが起きると英米の諜報関係機関が警告し始めた。

もしサイバー攻撃で銀行や製造業が機能停止となれば、コンピュータで成り立つビジネスは壊滅的な被害を受けるだろう。国家の壁を越えてコンピュータは世界のテロリストを育て、想定されなかった場所で大規模なテロが起きている。

生成ＡＩ開発に警告が発せられている。

生成ＡＩは戦国時代に突入し、まさに群雄割拠の状況にある。ＡＩ開発で抜きん出た存在はマイクロソフトが支援するオープンＡＩとイーロン・マスクのＸ《エックス》ＡＩ。そしてカナダのコーヒアなどだ。

グーグルが出資したアンソロピックなど、早くも１００名のエンジニアを集めた。現時点で規模が大きいのはマスクも創成期に加わっていたオープンAIで、エンジニアは千名を超える。これに続く規模を誇るのはイスラエルのライトリックス、次いでジャスパーがある。ライトリックスは画像、動画の生成、編集にすぐれる。この分野ではほかに米国のランウェイ（マイクロソフトとグーグルが共同出資）、英国のスタビリティがある。

一般向けの対話AIは米国のインフレクションが頭一つリード、エヌビディアとマイクロソフトが出資している。

アンソロピックはオープンAIをスピンオフした7名が起業し、グーグルが4億5000万ドル（653億円）を出資している。

カナダのコーヒアもグーグルからのスピンオフ組が起業し、文章、画像、音声、動画などマルチ化へ取り組む。エヌビディアなど三社が1億4000万ドル（203億円）を出資した。

これらは『AIユニコーン』と言われ、設立した僅かの期間に大手有力企業が膨大な出資をする背景には高い技術を持つ著名エンジニアと起業家が集まっているからだ。『ユニコーン』とは怪獣のような名前だが、企業価値10億ドル（1450億円）以上の未上場企業を意味する。日本のユニコーンは影が薄い。日本にはまだ本格的なアントレプレナーシップ（起業家精神）が根づいていないからだ。

しかし、スタートしたばかりの生成ＡＩ業界に危険信号が点った。

爆弾の作り方など有害情報は検索できない措置が講じられているが、これを突破してテロや脅迫に転用される情報が次から次へと流出した。これを「ジェイルブレイク（脱獄）」と言う。

まず、生成ＡＩ企業がすぐに脱獄を検知しアカウントを停止させるべく対策を講じるべきで、この方面のガイドラインも法的規則も決まっていない。開発のスピードに法律が追いつかないのだ。

絶望という名のＡＩ

究極的な問題は「２０４５年にＡＩが人間を超える」（これが「シンギュラリティ」問題だ）と予想されることだ。『猿の惑星』という架空の娯楽映画が、リアルな世界となる懼《おそ》れがある。つまりホモ・サピエンスが機械に支配されるシナリオの存在である。

マイクロソフトのＣＥＯが発言しているように「そのときはＡＩを破壊しなければならない。あくまで人間のために開発している」。

「絶望という名のＡＩ」か、「希望という名のＡＩ」か、それが問題である。しかし日本ではこの種の議論が真剣に行われてはいない。ロボット先進国としての日本は産業ロボットに集中した。その技術を盗んだ中国は軍事ロボットに転換した。悪用の天才が世界にはごまんといる。

かくして日米両国はドローン、顔識別、５Ｇスマホ、監視カメラなどで中国に後れを取った。西側はプライバシーを尊重するために規制がかかったことが主因である。

全体主義国家のチャンピオン、中国の狙いはズバリ軍事的覇権と国民監視体制の構築であり、民生用の開発に力点を置いていない。中国ではプライバシー保護という概念は最初から存在しない。ドローンの軍事転用はすでにペルシャ湾や紅海でタンカー攻撃に使用された。新疆ウイグル自治区では監視カメラの威力が発揮され、欧米が人道に悖《もと》ると批判しても中国は馬耳東風である。

米国の巻き返しは日本と組み、まずは「５Ｇ」の次＝６Ｇに照準を合わせる。トランプ前政権は５Ｇの基地局などで中国に先を越されたと認識し、ならば「その次」を狙い出したのだ。「６Ｇは絶対に中国に渡さない」と。

そのためには次々世代の技術を先に開発し、基本特許を抑え込む必要があり、日米の連携が急がれることとなった。

具体的にはＮＴＴとソニー、米インテルが連携し、光で動作する新原理の半導体開発などで協力する。一回の充電で一年間持続するスマートフォン電池の実現、とくにNTTは消費電力が百分の一となる光動作半導体の試作に成功している。またNTTはアイオン（IOWN）ネットワーク構想を世界標準とする戦略目標を掲げ、6G開発競争では一方の主導権を握ろうし、同時に5700ヶ所の自社ビルに蓄電して電力網も構築する。

日本が5Gの研究開発と実用化に立ち後れたのは、半導体の基本特許を米クアルコムに、基地局特許をフィンランドのノキア、スウェーデンのエリクソンに先行されたからだ。

スパコンでも中国に追い抜かれた日米だが、グーグルは世界最高速のスーパーコンピュータが一万年かかる計算を「量子コンピュータ」が3分20秒で解くことに成功して巻き返したと発表した。これは画期的な朗報である。

「地球から最初に飛び立った宇宙ロケットに匹敵する成果だ」とグーグルCEOのピチャイは胸を張った。

量子コンピュータ開発に最も力点を注ぎ、カネと人材を投入してきた中国だが、究極の目的とするのは次期軍事技術開発である。

このため量子力学の研究者を世界中でスカウトし、社会科学院所属の量子情報・量子科学技術イノベーション研究院の着工に踏み切った。安徽省合肥市に37ヘクタールの敷地を確保して膨大な予算を投じ、最近はAI潜水艦の開発などの専門家を集めた。

米国の先端技術はペンタゴンが主導しており、日米提携と言っても軍事分野に踏み込めない日本としては、提携に限界があることを覚悟しておくべきだろう。

ウクライナ戦争の本質にあるＡＩ開発

ウクライナ戦争を半導体戦争、とくにＡＩ搭載兵器を含めて議論するとどうなるか。本書のテーマの半導体戦争とウクライナ戦争の関係は希薄と思われる読者が多いかも知れない。

じつはＡＩ戦争が中枢にあり、間接的に半導体戦争の延長戦という性格が強いのだ。

このウクライナ戦争を精密に分析しているのは中国と台湾である。明日の「台湾有事」に備えているからだ。

ウクライナの戦局は、冷静かつ客観的に評価してもロシアが着実に領土拡大をしている。

２０２３年７月７日、バイデン政権は追加援助８億ドル（１１６０億円）のパッケージにクラスター爆弾供与も含ませた。国家安全保障担当のサリバン補佐官は「ウクライナ軍に都市部で使用させない」ことを条件としたと表明し、バイデンは「ウクライナ軍に弾薬が足りなくなったからだ」と軽率な発言をした。「プーチンは人殺し、習近平は独裁者、バッシャール・アル＝アサド（シリア大統領）は消えろ」と連続的に失言を繰り出すバイデンは、国際政治のリテラシーを知らないようだ。

クラスター爆弾の供与は、世界に衝撃を与えたニュースで、英国、ドイツ、スペインなどが反対を表明し、ＮＡＴＯ事務総長のイェンス・ストルテンベルグは「米国が決めたこと、ＮＡＴＯの決定ではない」と米国との距離を明確にした。カンボジアのフン・セン首相（当時は父、現在は息子が首相）も憮然として反対の論を述べた。カンボジアはクラスター爆弾で数十万の死傷者を出したからだ。クラスター爆弾は面制圧の効果を挙げる複雑兵器である。例えば、Ｆ15に搭載のクラスター爆弾を投下すると子爆弾がばらばらと飛び散り数千ヶ所を破壊する。非人道的兵器だとして廃棄する国、使用禁止を声明した国々は123ヶ国にのぼるが、米露中、イスラエルなどは条約に加わっていない。

第一に、クラスター爆弾を供与せざるを得ないほど、ウクライナが軍事的に劣勢である事実が明らかになった。ウクライナは対戦車ミサイルや対空ミサイルで緒線段階ではめざましい戦果を挙げていた。その「ウクライナ軍」の実態は、制服を着替えただけの英米の特殊部隊だった。

米軍供与のハイテク兵器はすべからく高性能の半導体が搭載されている。ドローンのＡＩ搭載は言うに及ばず、虎の子の155ミリ榴弾砲、長距離ミサイルのハイマース、加えて戦車の供与を受けた。ウォロディミル・ゼレンスキー大統領はいよいよ大攻勢に転じると言っていたが、軍事的成果はほとんどない。後楽園スタジアム五個分ほどの面積を奪回して「勝った」「勝った」と騒いだが、ウクライナの大本営発表は虚偽だらけだった。ましてロシアがワグネル傭兵部隊の叛乱で弱体化しているチャンスにも、ウクライナは何も出来なかった。

ワグネル傭兵部隊叛乱を起こしたとき、どうなるかと息を呑んだ人も多いだろう。

ロシア政変で露呈したことは、ロシアのディープステートの本丸の組織的な結束力が脆弱であり「クレムリン―軍―軍需産業―国有企業とオリガルヒ」という既得権益の環に群がる裏の権力が一枚岩ではなかったことである。ロシアのディープステートはぼろぼろだったのだ。

クーデター未遂騒ぎの二日前、6月21日からホワイトハウスはロシアの異変を掴んでいた。ＡＩを駆使した傍聴システムが敵軍の通信から動きを把握していたのだ。翌日、政権幹部ならびに議会の上層部にロシアに何かが起きていると伝え箝口令を敷いたとニューヨークタイムズが情報源を秘匿して報じた。ＣＩＡがロシアの軍などの会話を傍聴しているからだが、その精度および情報把握のレベルを相手に知られたくない。だから事態が収まってから新聞にリークしたのだ。

実際にワグネル傭兵部隊が行動を起こしたのは6月23日深夜からだった。かつて「プーチンの忠実な番犬」と言われたエフゲニー・プリゴジンは「ロシア軍はわれわれにミサイル攻撃を加えた」とし「悪を排除し正義を回復するのだ」とSNSで発信した。ロシア正規軍との対決姿勢を鮮明にしたことから、内戦にいたる懸念があった。6月24日未明、プリゴジンはセルゲイ・ショイグ国防相やワレリー・ゲラシモフ軍参謀総長を念頭に「軍指導部という悪を排除しなければならない」などと国民に決起を呼びかけた。明らかに軍事的叛乱だった。ショイグは正規軍のトップであり、ゲラシモフはハイブリッド作戦をとなえてクリミア半島を傘下に入れた「ゲラシモフ・ドクトリン」の発案者である。これぞAI戦争の先駆けだったのである。

その後もロシアは中国、トルコ、そしてモルディブ経由で大量の半導体を輸入していた。ワグネル軍団のボス、プリゴジンは「ロシア軍は弾丸を供給してくれない。これでは戦えない。軍首脳陣は腐っている」などと息巻いた。批判はエスカレートする一方だった。モスクワでは戦車、装甲車が移動し始め、主要な政府ビルの防衛に当たった。モスクワへ進行すると宣言して、ワグネル軍団は北上した。「正義の行進」と自ら命名した。6月24日、プーチンはテレビ演説し、「1917年革命前夜だ」と喩え、「叛乱したものを処罰する。これは国家への裏切りである」と言明した。すかさずドミートリー・メドベージェフ前大統領が「核兵器がワグネルの手に渡ると世界の終わりだ」と発言した。

ワグネルの支援もなく落ち着いていたモスクワ

一方、ウクライナならびに西側の論調は、叛乱による混沌とプーチン退場に期待して、「プーチンの終わりの始まり」と報道した。実際にワグネル傭兵部隊はロストフ州の州都のロストフ・ナ・ドヌーにある軍管区司令部を占拠したのだから、ロシア軍としては叛乱軍に本拠を明け渡したことになる。5000人の部隊がモスクワの手前200キロまで迫った。出動したチェチェン軍と道路を挟んで対峙した。だが過激派同士の戦闘は起きなかった。

ロシア側はモスクワ市内の要所に警戒態勢を敷き、進軍予定の道路にトランクを横倒しにして即席の防御壁を作り、また道路をブルドーザやショベルで破壊し、戦車、装甲車が通過出来ない措置を講じた。モスクワの政府庁舎前には土嚢を積み上げ、市長は外出を控えるよう警告した。

一部の軍事評論家が分析したような出来レースではなかった。

二・二六事件も五・一五事件も鮮明なる大義があった。参加した兵士にも国家改造、政権首脳部の排除など目的ははっきりしていたが、ワグネルの叛乱はどことなく大義が不明で胡散《うさん》臭く、動機が不純、まして土壇場で叛乱指導者の海外逃亡を黙認するなど、どちらにも美意識がない。

一般的に反乱軍の定石は目標を掲げ、国民の理解と同情の獲得を意図し、部隊の配置を効率良くする。嘘放送を流す必要から広報を重視しテレビ局を制圧する。

その上で呼応する部隊（つまりロシア正規軍の一部が裏切る）、支援する機関や団体、町には支持者が繰り出すなど、叛乱を支持する運動が自然発生的に起こる筈《はず》だ。プーチン批判を展開してきたいわゆる「民主活動家」はまったく呼応した行動に出なかった。ロストフ・ナ・ドヌー以外、どこにもワグネルへの支援はなくモスクワは落ち着いていた。新聞はワグネル批判一色であり、日頃のプーチン批判デモも起こった気配がない。当てが外れたプリゴジンはベラルーシのアレクサンドル・ルカシェンコ大統領からの長時間の電話説得に応じて進軍を止め、ワグネル部隊へ元の陣地へ引き返せと命じた。占拠していた軍司令部ビルからも撤退した。

軍事クーデタ未遂で明らかになったことは、プーチン執行部が軍を完全に掌握出来ていなかったことだ。

日本のメディアが言うような「プーチン政権に亀裂が入った」のではない。亀裂はもともとロシアのディープステートのなかで演じられてきた。ユダヤ人オリガルヒの大半は富を失い、海外へ逃亡した。ウクライナ戦争を仕掛けて西側の制裁を受けたため表面的には何食わぬ顔をしてきたが、戦争に訴えると国民が熱狂的に支持したかと言えば予備役の招集にも手間取り、若者の多くは海外へ逃亡し（4万5000人のロシア人はメキシコ国境から米国へ密入国した）、結局、囚人をワグネル傭兵部隊へ急遽編入して前線に投入せざるを得なかったのだ。

8月23日、プリゴジンらが搭乗したプライベートジェット機がモスクワ郊外で墜落し、ワグネル最高幹部は〝始末〟された。

ウクライナ戦争の正確な報道が日本にはない。

第一に、日本のメディアが情報を依拠している英国情報府のそれは政治宣伝色が強く、また米国の「戦争研究所」なるシンクタンクの情報はネオコンが操作している。ウクライナ大本営の戦果は虚報でしかない。

第二に、クラスター爆弾の供与にNATOは米国を除いて距離を置いたばかりか、ウクライナを米国より積極的に支援してきた英国さえ反対を表明し、独仏に続いてスペインもカナダも反対に回り、西側で米国の孤立が露《あら》わになった。NATOの亀裂をもたらした。

第三に、米国内にも反対論が渦巻き、供与支援の議員等が孤立気味となった。ネオコン主導の戦争遂行に反対してきた共和党保守派は巻き返しのチャンスと捉えた。民主党のなかでもヒューマンウォッチなどの活動家と連携する議員やＲＫＪことロバート・ケネディ・ジュニアが反対した。バイデンの戦争指導が誤りであったことに、ようやく米国の多くが知るところとなった。

戦争がエスカレートして第三次世界大戦が近づいたと認識する人たちは、これでロシアが小型の戦術核使用に踏み切っても、ロシアに正当性を与えることになりかねないと懸念を広げた。

ここまで奮戦したウクライナをＮＡＴＯは加盟国とは認めなかった

重大な事実とは「ウクライナのＮＡＴＯ加盟」が認められなかったことだ。日本のメディアが、この地殻変動のような「戦争の質の変化」を重視していないのは不思議である。

「事後預言屋」とか、専門外のジャーナリストの頓珍漢の分析が溢れるなか、機密情報を得られない防衛関係者が、さも知ったかぶりのウクライナ戦争分析はいただけない。筆者がテレビを見ないのは、こういう手合いが「解説」するからで、それは「怪談」に聞こえるからだ。正義とか道徳とかの価値観で見るとリアルが遠のく。倫理とか情緒を取り除いて客観的事実だけを並べてみると、ウクライナで本当は何が起きているかがわかる。プーチンが不正義であるというのは正しいが、それならゼレンスキー大統領は正義かと言えば、それは疑問符がつく。かつてFOXニュースの人気キャスターだったタッカー・カールソンはゼレンスキー大統領にインタビューしたとき「欧州で最も腐敗した国の指導者」と紹介し、「出ていかない居候」と比喩したように、とても正義の人とは言いがたい。

ウクライナの現政権はカソリックが多い。2022年11月にローマ法王が「最も残忍なのはロシアの伝統に属さないロシア人、例えばチェチェン民族やブリヤード民族だろう」と差別的な発言を行い、ロシアの猛烈な抗議に遭って翌月に謝罪訂正した事件がある。これはバチカンがウクライナ側に肩入れしている証拠である。そう言えばゼレンスキー大統領はユダヤ教からカソリックに改宗した。

2023年7月8日、ウクライナのヘルマン・ハルシチェンコ(エネルギー大臣)は「ロシアの攻撃によりウクライナのエネルギーインフラの半分が損傷し、一部は永久に使用不能になった」と述べた。

ウクライナの穀物輸送は鉄道だが、電気が止まれば輸送手段がなくなる。加えてロシアはウクライナにある原発のすべてを押さえた。ロシアのザポリージャ原発は欧州最大規模で2022年3月からロシアの管理下にある。

またカホフカ・ダムの決壊と、上流の琵琶湖の75％ほどの貯水湖が干上がり、穀倉地帯が冠水した。これで穀物生産は絶望的、農業の回復は二、三年後だろう。

ダム爆破はウクライナ説とロシア説が交互に飛び交っているが、誰が得をしたかで後智恵を言うならウクライナであろう。ロシア説はロシア占領地域の被害が大きいからだ。もしロシアが犯人となれば、ドニエプル河で東西を分割し、泥濘の湿地帯では戦車戦は展開できないから膠着状態となるだろう。

ロシアが爆破したとすれば食糧被害より、将来の分割の具体例を実勢に浮き彫りとしたことだ。80の農村、600平方キロに及ぶ被災地はルクセンブルグの二倍の農地が被害を受けたことになる。16万羽の鳥、2万もの野生動物にも被害が及んで、いまも70万の流域住民にはまともな飲み水がない。世界穀物生産の二割に悪影響が出る。

かくして私たちはウクライナ戦争の過程で通信ラインの確保、高性能武器がＡＩ搭載であり、司令指揮系統はＡＩ通信が握り、インフラ（電力ダム）破壊もＡＩ兵器が行うことを知った。次世代戦争の実態がＡＩ開発にかかっていることを示した。

第五章

壮絶無比、技術競争の現状

生成ＡＩに世界が目を覚ました

夏の軽井沢、恒例の経済人トップが集まるセミナーが開催される。

２０２３年の経済同友会（7月6日〜7日）のテーマは「生成ＡＩ」だった。インテル日本法人の鈴木国正社長らが講演した。２０４５年シンギュラリティ説やＡＩが神様となるなど、巷間に飛び交う飛躍的議論を冷静に見つめ「デジタル社会の遅れた日本はリスクを取るべきだ」と前向きの議論もあった。

経団連の軽井沢セミナー（7月21日）には岸田文雄首相も飛び入り参加し、ＡＩ産業の重要性を訴えた。

生成ＡＩは米オープンＡＩのＣｈａｔＧＰＴが突如、世界的な脚光を浴び、付帯してエヌビディアの株価が1兆ドルを超えるという市場の記録更新に発展した。エヌビディアもじつはゲーム機で当てたファブレスで、半導体はＴＳＭＣ依存である。皆、裏では繋がっている。

ＡＩにより工程の自動化やロボット導入が普及すると、ゴールドマンサックスの試算では次の職種が自動化される。

オフィス、事務サポートと法務分野では45％近くが自動化される。パターン化された書類や判例形式などはモデル文型を選んでプリントするだけの作業となるからだ。次いで建築、エンジニアリング、金融オペレーション、社会福祉から営業などの分野で30％以上が自動化される。

ならば、自動化がそれほどでもない分野とは何か？

介護、調理、接客、旅客、運輸、製造、建設、採掘、機械設置、保守、修理、ビル、メンテナンス、警備など人間が作業しなければ進まない領域である。ＡＩは日常生活に入っているし、暮らしの何がしかはＡＩによって変化するだろう。プラス面は人生を豊かにし、健康を維持させることにも役立つが、リスクが伴うことが問題である。

予測専門シンクタンクのユーラシアグループを率いるイアン・ブレマーは「重要な四つのリスク」として、「偽情報」「拡散」「大量解雇」「人間を代替する」を挙げている。

偽情報はウクライナ戦争でも緒線から行き交った。逐一例を挙げるまでもないだろう。世界最大規模の偽情報部隊を持つのは中国軍であり、ロシアも負けてはいない。日本にはＣＩＡに該当する機関もない。大手メディアがうっかり偽情報と判定できずに垂れ流すケースも目立つ。

フェイク画像で悪質な一例は、安倍元首相の慰霊碑をゴミ置き場とした画像である。これは7月14日に高市早苗経済安保大臣が記者会見で明らかにした。奈良市内の三笠霊苑に有志が建立した追悼碑「留魂碑」にコラージュ画像で写真を合成し、追悼碑の前にゴミを積み上げるという悪質な偽造写真だった。

開発戦争の主役「オープンAI」とメタ

生成ＡＩの開発戦争の主役は、グーグルとマイクロソフトが支援するオープンＡＩとメタである。ここにイーロン・マスクのＸ ＡＩが参戦したため混戦となっている。

六年前には存在しなかった新技術であり、グーグルが２０１７年6月に大規模言語モデルの開発手法を用いて「トランスフォーマー」を発表したことが嚆矢《こうし》となった。続いて言語モデル「ＢＥＲＴ」を発表すると、２０１９年7月にマイクロソフトが新生ベンチャーのオープンＡＩに10億ドルを投資した。

二年後、オープンＡＩは大規模言語モデルの「ＧＰＴ３」を発表し、２０２２年11月に対話形式のＣｈａｔＧＰＴを無料で公開した。２０２３年1月、マイクロソフトはオープンＡＩへ追加投資を決め、検索サービスに生成ＡＩを搭載した。

例えば、コスタリカ国会は法律改正をＣｈａｔＧＰＴで作文させた。これでよいのかとコスタリカの国会議員たちが賛否両論の侃々諤々《かんかんがくがく》。ちなみにコスタリカは中米で唯一白人だけの国で軍隊がない。国防を警察が担うという変則的な国家である。そのコスタリカの大学でＣｈａｔＧＰＴを使った論文が多く提出されたため、すべてを不合格とした。

日本では上智大学がＣｈａｔＧＰＴを禁止し、東大は使用を規制するとした。また、ＣｈａｔＧＰＴを使った作文を見破る機器が発明されて話題を呼んだ。アンクは生成ＡＩで作成した文章を判別できる「コピペルナーＶ５」を発売した。すでに国内７００の大学と３００の企業に販売した。論文のコピペの部分を色分けして画面に表示する画期的な商品で価格は十万円を切る。とは言え、まったく後ろ向きの話である。

アメリカでは女優、作家として活躍するサラ・シルバーマンが、対話型ＡＩのＣｈａｔＧＰＴを開発したオープンＡＩに対して、回顧録の著作権を侵害されたとして、損害賠償を求める訴訟を起こした。サンフランシスコの連邦地裁に提出した訴状によれば、オープンＡＩは著作権で保護された著書を同意も対価もなく、ＣｈａｔＧＰＴに学習させるために利用した。シルバーマンらは「オープンＡＩはＣｈａｔＧＰＴを使って豊富な商業的利益を得ている」とした。フェイスブックやインスタグラムを運営し、ＡＩを使った研究者向けのサービスを開発したメタに対しても、同様に損害賠償を求めた。

全米作家協会も関連企業のＣＥＯに書簡を送り、ＡＩのトレーニングに作家の作品を無断で使わないよう求めた。この書簡には８５００人以上が署名している。

書簡を送った宛先は以下の企業のＣＥＯたちだった。

オープンＡＩのサム・アルトマン
アルファベットおよびグーグルのサンダー・ピチャイ
メタのマーク・ザッカーバーグ
スタビリティＡＩのエマド・モスターク
ＩＢＭのアービンド・クリシュナ
マイクロソフトのサティア・ナデラ

「大規模言語モデルで構築される生成ＡＩは、われわれの著作物のおかげで存在する。われわれの言葉、物語、スタイル、アイディアを模倣し、逆流させている。著作権で保護された何百万もの書籍、記事、エッセイ、詩がＡＩシステムの『食料』として無償で使われている」と書簡は訴えている。公開書簡では以下の三点を要求している。

（１）生成ＡＩが著作権で保護された素材を使用する場合は許可を取得すること
（２）ＡＩのトレーニングにすでに使われた著作物に関し、作家に公正な補償を行うこと
（３）ＡＩの出力が違法かどうかにかかわらず、出力での著作物の使用に対して作家に補

償すること

日本でも動きが急だ。

著作権に関しての日本文藝家協会や日本ペンクラブからの提言はまだないが、自民党のプロジェクトチームはＡＩの課題や利点を分析した提言を提出した。ＥＵなどが規制強化に傾斜しており、日本政府は国際的なルールづくりを主導し、産業創出に繋げたい考えという。今後、海外ＩＴ企業幹部らとの意見交換も積極的に行うとする自民党の「ＡＩの進化と実装に関するプロジェクトチーム」（以下ＰＴ）の平将明座長は7月18日の会合で次のように現状を報告している。

「米新興企業幹部と情報漏洩などのＡＩのリスク対策について意見交換した。ＰＴは1月下旬に発足したばかりだが、昨年11月のＣｈａｔＧＰＴの公開後、欧州ではすでに偽情報の拡散などを懸念する声が出ていた。日本は生活や社会を一変させる次世代技術について、政治の場での議論が乏しかった。『雇用が奪われる』といった消極論に押され、インターネットなどへの政治の対応が遅れた反省もあった」

ＰＴでは英語版も含めた提言を公表し、ＡＩの活用策やルール整備の考えを示し、政府に国家戦略の策定を求めた。4月には岸田首相がオープンＡＩのアルトマンＣＥＯとの面会を段取りした。

バイドゥ、アリババで追い上げを開始した中国

２０２３年2月、グーグルが対話式ＡＩの「Ｂａｒｄ」を公開すると、メタは大規模言語モデルの「ＬＬａＭＡ」の提供を開始し、同年三月にマイクロソフトが業務ソフトへ生成ＡＩを搭載した。同五月にグーグルが大規模言語モデルＰＡＬＭを発表といった具合で、まさに日進月歩、乱戦混戦模様となった。熾烈な競争の過程でブラックベリー、マイスペースなどが脱落した。現時点はオープンＡＩを支援するマイクロソフトvsグーグルvsメタという鼎立構造となった。

中国が追い上げを開始し、バイドゥ（百度）、アリババが参入してきた。中国は自前でＡＩ開発を進める方針で、中国共産党が規制を強める理由は「社会主義体制の転覆や国家の分裂を先導されかねない」という恐怖心からだ。事前審査を義務づける。

バイドゥは文章、画像を作り出す「文心一言（アーニーボット）」を、アリババは文章創作や対話が出来る「通義千問」を開発した。ネット通販の京東（ＪＤドットコム）はバイドゥが開発したＡＩで広告製作に乗り出した。この中国市場に、ハイテクで競合する筈の米企業が雪崩を打って算入する姿勢を見せた。バイデン政権の対中戦略とは二律背反だ

が、何しろアメリカ人経営者は中国を大市場と見ていることに変化はない。

中国政府と上海市政府が主催した「世界ＡＩ大会」には米国のテスラ、マイクロン、グーグル、クアルコム、エヌビディア、ＡＭＤ、インテルなどが参加した。

中国の半導体業界は「中国製造２０２５」の優先順位でトップにランクされ、中国政府が合計10兆円の補助金を出した。ところが効果は薄く、補助金目当ての企業が無数に群がって補助金をしゃぶり尽くし、大方は倒産した。今度はＩＰＯ（新規公開株式）で資金を集め、半導体新工場を意気込む中国企業が夥しい。

華虹半導体はすでに香港に上場しているが、上海へ重複上場し、ＩＰＯで３６００億円を集める。これで江蘇省無錫に新工場を建設し、２０２５年稼働を目指す。同社はＳＭＩＣに次ぐ中国のファンドリーである。

紹興中芯集成電路製造（ＳＭＥＣ）は１９００億円を集め、浙江省紹興に新工場を造り、パワー半導体の増産を企図している。ＳＭＥＣにはＳＭＩＣからの移籍組が多いと言う。

合肥晶合集成電路（ネクスチップ）は２０００億円を調達し開発を強化する。かくして、中国の半導体製造企業のなかでも生き残った14社が２０２３年度にＩＰＯ（新規株式公開）で集めた金額は１兆円を超える計算となる。これらの半導体は自動車、電化製品向けであり、日本の半導体市場と重なる。

アメリカ議会人の怒り

一方、AIが悪用されて軍事転用されるリスクが日々増大していることは指摘してきたが、NATOと日本がAI兵器のルール構築議論を煮詰め始めた。日本が産業ロボットで世界一という実力を考慮したからで、NATOはAI兵器の開発を懸念し「機械が人間を支配するリスク」に対して、とくにAIを搭載して人間の判断を介せずに自律型致死兵器システム（LAWS）を実戦配備する国家やテロ組織が出現するという恐怖が基底にある。NATOはドローン世界一の中国を脅威視している。そのためにもNATOは日本に連絡事務所を開設する予定だったが、フランスのマクロン大統領が反対し見送りとなった。

西側諸国では機密データの中国への漏洩が最大のアキレス腱になった。

2023年5月24日の米国連邦議会下院の「中国特別委員会」でマイク・ギャラガー委員長は「台湾有事の対処として港湾、空港のサイバー防衛強化」を訴えた。「中国軍はハッカー部隊を駆使して米国の経済活動を停止させ、米軍の弱体化を狙ってあらゆる拠点にサイバー攻撃をかける可能性が高い」とした。

とくにギャラガーは「台湾防衛を超党派で支援する法案」を提出している。「日本やグアムなど米軍基地の強靱化。例えば攻撃されても滑走路を迅速に修理復旧させる能力と掩体《えんたい》の建設などを含む」と提案した。日本のジェット戦闘機など空軍基地に掩体がないことは承知の通りである。狼に裸体を晒しているようなものだ。

米国は同年2月に「破壊的技術ストライクフォース」を発足させ、データ保護に本格的に乗り出すため司法省、FBIから専門家を集めた。

マイクロソフト社は「中国のハッカー集団がグアムのインフラを標的として活動しており通信や輸送、海運などインフラを担う広範な組織を対象に情報を盗取している。『ボルト・タイフーン』が、システムの侵入を謀り、破壊工作の能力を高めている」とした。この新顔の「ボルト・タイフーン」は西側のセキュリティ対策ソフトの弱点を掌握し、認証情報を盗んで侵入手法を獲得してきた。

将来、米国とアジア間の重要な通信が遮断される懼《おそ》れが高く、技術的基礎を中国軍が構築した可能性があるとマイクロソフトは発表した。

標的には、米国が主要な軍事拠点を置いているグアムの施設が含まれ、すでに2021年半ばからのハッキングの影響を受けた組織は通信、製造、公益事業、運輸、建設、海運、情報技術、教育の各部門だった。国家安全保障局、FBI、サイバーセキュリティ・社会基盤安全保障庁とオーストラリア、ニュージーランド、カナダ、英国などファイブアイズは、「最近発見された活動群」に関する技術的な詳細を述べた共同勧告を発表した。

中国はただちに反論し、スノーデン事件を挙げて「ハッカー行為を展開しているのは米国だ」と非難した。

西側のセキュリティ対策の遅れは甚だしく、日本ばかりか米国でも、例えばアップルの元中国人社員が自動運転などの開発データを盗んでいたことが判明している。この中国人元社員の自宅を捜索した直後、中国人スパイは広州行きの飛行機に飛び乗って逃げた。事件から五年後の２０２３年5月16日になってカリフォルニア北部地裁に訴追した。

軍事転用の危機にあるＡＩ

先にも触れたが、エヌビディアが、なぜ台湾にＡＩ研究所を設立したのか?

米国はつい昨日までエヌビディアは米国企業だと認識していた。最先端の研究部門をなぜ米国以外に置くのか、アメリカ人の認識では解せないからである。台湾も日本も米国が決めたルールに従うと思い込んでいるからだ。

生成ＡＩ、ＣｈａｔＧＰＴがもし軍事に転用されたらどうなるのか、米国ではメディア、企業、ペンタゴン、議会が総立ちになってＡＩ規制論を議論し始めた。市場でも全米一の投資家、ウォーレン・バフェットが「ＡＩは原爆だ」と判りやすく比喩し、警告した。中心にいるオープンＡＩのアルトマンＣＥＯさえ議会証言で「強い規制が必要です」と訴えたほどである。国家安全保障にとって甚大なる脅威になると認識したからで、西側に急激な規制論が浸透する一方で、中露は軍事ＡＩ開発に熱中している。何でも軍事優先の発想をする中国は民間でのＣｈａｔＧＰＴはすぐに禁止したが、軍は研究に熱心だ。

天気予報はおよそ24時間後までならほとんど正確に細かな地域まで細分して予報し、ほぼ的中させる。それだけ気象衛星、観測衛星の精度が向上したのだ。一週間後の天気予測も大きな誤差はない。ところが台風、砂嵐、噴火など異常現象が突如起こると、予測の根本が狂う。

ＡＩ将棋の「アルファ碁」は名人を破って、その威力を示した。チェスでも同様に人間のチャンピオンがＡＩに敗れた。ところが、人間が過去にないハチャメチャな攻め方をしたらＡＩが敗れた。データを基礎としたパターン認識が基本だから、データにないことを入力されると判断できなくなる。

ここまで進んでしまったＡＩがさらに自己判断をするようになると、いったい何が起こるか。それが「人間と技術（文明の利器）」の大問題である。それも戦争で軍事兵器に高度なＡＩが搭載されると、従来の軍事学、地政学の土台を構成した基本的なデータや情報が破綻することになる。

ジェームズ・ジョンソン著、川村幸城訳『ヒトは軍用ＡＩを使いこなせるか』（並木書房）はＡＩ搭載の新兵器が近未来の戦争をいかに変えるか、そのプラスとマイナスを比較しながら核心に迫る。

軍事へのＡＩ活用は「パンドラの箱」を開けた。新しいリスクを生み出し、安定性へのリスクが増大したからだ。ミサイル防衛システム、キラー衛星、超音速兵器開発競争において米中の膠着状態が崩れる危険性がある。

例えば、ＡＩを人間の情報分析と組み合わせて活用し、敵の位置の評定、移動の追跡、照準設定などで能力を高めることが可能だが、良質なデータの不足、自動化による画像検出の限界、ブラックボックスという障壁などの問題が残る。

ジョンソンは以下を重視する。すなわち「『戦略的安定性』とは、政治、経済、軍事の各分野における複雑な相互作用の結果であり、その中でテクノロジーはいくつかの機能――均衡機能、対抗機能、変化促進機能――を果たしている（中略）新しい装備品の有効性（速度、距離、拡散と普及の度合い）が引き起こす不確実性が独り歩きし、実際の技術的可能性を凌駕してしまうことがある。たとえばスプートニク衛星の打ち上げは、一見したところ単なる技術的デモンストレーションにすぎなかったはずだが、実際は米ソの『戦略的安定性』に重大なインパクトを与えた」

ＡＩが搭載されていようが、そうでない場合でも戦争速度、意思決定の時間枠短縮、広範な新興技術が組み合わさって多様の軍事能力の混在状況はすでにある。

アルフレッド・セイヤー・マハンが「武力は存在しても、誇示しなければ効力を持たない」と言ったようにＡＩ兵器はいずれ実戦配備される。敵の戦略的兵器の位置特定、追跡、照準、破壊という軍事能力の更新は、敵の戦力を脆弱にする。あるいは無力化する。ＡＩが自立し自己判断で戦争の任務を果たすというロボット兵器はすでにドローンの高度化でその初期的な、試作品が目の前に出現した。

「自立型システムは視角認識、音声認識、顔認証、画像認識、意思決定ツールなどの技術を組み込んで人間の介入や監視から独立し、航行阻止、水陸両用による地上攻撃、長距離打撃、海上作戦など」（前掲書）

自律的ＡＩ兵器は次の警戒ポイントがある。

第一に、人間の知能を越えたＡＩが秘めているディストピア的で人類の絶滅に繋がる可能性。

第二に、ＡＩには人間のような喜怒哀楽がないから、ＡＩ兵器が設定された目標をひたすら追求する。現況変化によっては自発的な意思を持ち、使用する側が意図しなかった予測外の結果を引き起こす危険性がある。したがってジョンソンは「ＡＩは兵器そのものとしてではなく、様々な能力のポートフォリオを実現する強力な戦力増幅器と見なすのが最も適切である（中略）。軍用ＡＩは既存の高度な能力の不安定効果をさら強める可能性があり、核兵器の残存性を悪化させる可能性が高い」（前掲書）とする。

地政学はハルフォード・マッキンダー、マハンからコリン・グレイの「核時代の地政学」となり、現在はジョン・ミアシャイマー、エドワード・ルトワック、ニコラス・スパイクマンらが活躍している。近未来はさらに「ＡＩ地政学」を講じる新進気鋭の国際政治学者が出て来るだろう。

生成ＡＩとＣｈａｔＧＰＴは原爆に匹敵

グーグルの前ＣＥＯエリック・シュミットがこれまでの立場を変えて「ＡＩにはガードレールが早急に必要である。一年前には考えもしなかったことが起こっている」と言い出した。つまり、次の経済を牽引すると期待されたＡＩやＣｈａｔＧＰＴ等の新技術に投資筋は懐疑的なのである。

シュミットはキッシンジャーらと協同で「ＡＩ開発と国家安全保障」を追求し、ガイドラインを制定する委員会を継続してきただけに、姿勢の変化には注目が必要だろう。とうとうホワイトハウスが動き出した。

２０２３年５月４日、バイデン大統領はサンダー・ピチャイ（グーグル）、サティア・ナデラ（マイクロソフト）、サム・アルトマン（オープンＡＩ）、ダリオ・アモデイ（アンソロピック）らＣＥＯを呼んで会談した。後者のアンソロピックは新興企業だが、ＣＥＯのアモデイはグーグル、オープンＡＩを経て、２０２１年に独立し、アマゾンの支援を受けている。

ＡＩ（人工知能）の定義は「視覚認識、音声認識、意思決定など、人間の知識を必要とするタスクを実行出来るコンピュータシステム」であると『ヒトは軍用ＡＩを使いこなせるか』が指摘する。

ＡＩへの関心が爆発的に高まった理由を四つに絞り込んだ。

第一に演算処理能力とクラウド・コンピュータ能力の飛躍的増大。第二にビッグデータの蓄積。第三がアルゴリズムの実装化の進展。第四にＡＩに対しての商業的関心と投資の急速な拡大である。

もともと生成ＡＩなる新技術は15年前からグーグルで研究が開始され、「世界の完全な知識。ベストフレンドになる」と謳った。確かにＡＩが人類の繁栄に繋がる利器となるが、凶器にもなる。凶器化への暴走をいかに制御するか、あるいはビルゲーツが懸念するように、「そのときは破壊するしかない」のか。

すでにＡＩはＣｈａｔＧＰＴのオープンＡＩのアルトマンＣＥＯが言うように「人間より賢い」レベルに達しているのかもしれない。プーチン大統領は軍事、諜略、スパイに通暁しているから直感的な予測能力が備わっているようで、２０１７年に「ＡＩを制するものが次に世界を制する」などと早くから『迷言』を吐いていた。翌２０１８年には「ロシアのＡＩ強化兵器は、既存のミサイル防衛、防空システムに対して無敵だ」と豪語した。しかしウクライナ戦争の現状を見る限り、ロシアのＡＩ兵器開発は成功していない。第一、ロシアには半導体製造技術がない。その上、弾薬に不足し、ドローンをイランと中国から緊急輸入したくらいだ。

ＡＩ兵器が精密化されると「人間の意思決定速度を超越し、国際紛争や闘いの土台となる認知基盤を変えています（中略）。戦争とは根源的に人間の営為と規定する（地政学の）

クラウゼウィッツの考えに反し、まさに軍事における革命の到来を予告している」(前掲書)。

AIは「従来の戦争とは根本的に異質なもの」(ジェイムズ・マティス元国防長官かくしてAIは深刻な脅威となり、AIが人類を滅亡させる恐怖が語られ、こうした暗い認識の形成はAIがチェスより数学的で戦略的奥行きがある碁のチャンピオンを打ち負かすという衝撃的事件からだ。

この衝撃はかつて米国がソ連に先を越されたスプートニク・ショックに匹敵し、近年に中国が超音速ミサイルの実験に成功したとき「スプートニク・ショック以来だ」とマーク・ミラー米統幕議長が議会証言した。

中国もまた碁チャンピオンがAIに負けたことに同様な衝撃を受け、以後、急速に中国軍ならびに軍関連企業や大学がAI研究と開発にのめり込み、巨額の予算を配分した。それればかりではない。2010年から17年にかけて中国のVC(ベンチャーキャピタル)による米AI企業への投資は13億ドルで、AI、ロボット工学、金融工学、メタバース前身の仮想現実(ヴァーチャル・リアリティ)、遺伝子編集などへのベンチャー投資の10%を占めた。AIの先端技術を獲得するために迂回路からも攻めたことになる。

AIは民生用に使われると、例えば現在のカーナビの精度を格段に上げるだろうし、スマホは機能を倍加させるだろう。しかし軍用に転用されると、誘導ミサイルの精度をとてつもなく高め標的に確実に破壊するなどして、戦争のスピードを加速させる。ＡＩ搭載の無人の潜水艦も登場するだろう。

中国はこのＡＩをサイバー戦争、ステルスならびにカウンターステルス、宇宙航空技術、ミサイル防衛システム、誘導精密弾などへの転用を意図しながらも、軍事的エスカレーションの場合、その管理能力を失えば戦略的な不安定を悪化させる懸念を除去できないジレンマに陥った。

戦略的安定の核心とは「国家が先制核攻撃を行う誘因を制限し、紛争をエスカレートさせるリスクを緩和することにあり、ＡＩはこうしたリスクを逆に混乱させる可能性がある」と専門家が指摘する。

しかし中国は２０１７年に開催した指揮統制研究所の『ＡＩと戦争ゲーム大会』で、この類《たぐい》のゲーム経験によって戦闘経験不足を補完し、兵士たちの訓練になるという理解をしているから厄介なのである。たとえ西側がＡＩ規制基準を決めても、中国は従わないだろう。

米国はＡＩ規則、規制議論を進めているが、実務面でのＡＩ活用は進捗している。

例えば、空軍は航空機の予知保全を計測監視し、劣化消耗による故障や不具合が発生する前に部品交換、修繕して保全を実現するＡＩツールを開発している。じつは米軍内では１９８０年代から、不確実性が現実世界における戦略的意思決定上の問題であるとして議論が繰り返されてきた。

ＣＩＡには、テロ攻撃や内乱など最悪事態を予測するために画像認識やラベルづけなどにＡＩ活用の可能性を探究するプロジェクトが１３７件ある。

しかし、この点ではプライバシー保護にうるさくない中国が圧倒的に有利である。顔認識技術や監視カメラが全土に張り巡らされており、犯人の逮捕に多大な成果を挙げた。

ロシアではＡＩ活用の陸上歩兵ロボットシステムの開発に力点を置いている。なぜならロシアの装甲・重装歩兵旅団などがＮＡＴＯに劣っているとの認識があるからだという。

それでもＡＩは人類のベストフレンドになり得るのか？

ウクライナはすでにＡＩ戦争なのだ

２０２２年2月24日、ロシアはウクライナへ侵攻した。その直前からＣＩＡは「準備」に入った。ウクライナ国内に極秘の補給ネットワークを運営していたが、侵略予測経路の地形をドローンなどで地図を修正し、特殊訓練した兵士がスティンガー、ジャベリン・ミサイルを周到に運び込んだ。「戦争が始まる前からCIAが戦争の中心だった」（ニューズウィーク）。まさにAI兵器の戦争だった。

米露には無言の密約がある。キエフが「ロシアそのものやロシア国家の存続を脅かす可能性のある行動は取らない」とし、見返りは、モスクワは「ウクライナを超えて戦争をエスカレートさせたり、核兵器の使用に訴えたりすることはない」。

CIAはポーランドを拠点にウクライナ支援キャンペーンを行っていることを認めており、そのなかでは民間航空機による「灰色の艦隊」が、武器やその他の物資を中央および東ヨーロッパで往復させている。CIA要員も「新しい兵器やシステムの運用を支援するため、極秘任務でウクライナに出入り」したが、常に「ロシア軍との直接対決は避け」た。

その1つがブルガリア工作だった。2023年7月6日、ウクライナのゼレンスキー大統領は突如、ブルガリアの首都ソフィアを訪問した。冷戦時代、モスクワの衛星国だったブルガリアはいまではNATOの一員だ。

日本人のイメージとしてのブルガリアは「ヨーグルト」？　日本との関連で言えば「薔薇」だろう。広島県福山市は薔薇で有名だが、ブルガリアの「薔薇の谷（カザンラク）」と友好関係にある。こうしたイメージとは異なってブルガリアは武器産業の国である。

ウクライナ戦争では現在までに43億ドルの武器を輸出した。主な武器は機関銃（AK47

類似のブルガリア製カラシニコフは「AR－M1」と呼ばれ米国M16の半値以下)。戦車はT55、T62（カザフスタンにも工場がある)。そして部品ならびに弾薬。ブルガリアの武器産業は二万社、従業員は4万2000名という一大産業。これまでは中東、アフリカ諸国が顧客で、イエメンにも輸出してきた。ウクライナ戦争勃発以後、武器生産はそれまでの三倍に飛躍した。もちろんゼレンスキー大統領のソフィア訪問は、この武器産業と直結していた。

そして想定外のことに、ブルガリアはウクライナへの追加武器支援を断ったのである。

中国のハッカーは米国の50倍だ

2023年4月27日、米国連邦議会下院歳出委員会の公聴会で証言したのはFBIのクリストファー・レイ長官だった。

レイは「中国のハッカーは米国のサイバーセキュリティと比較して50倍の規模だ」として、「中国は世界の大国を合わせたよりも大きなサイバープログラムを運用している」と証言した。

もともとFBI長官を召喚しての公聴会はプライバシー保護によって情報活動の機能低

下に陥ったＦＢＩの予算獲得が目的であり、レイが中国の脅威を前面に出すことで予算増加を狙う思惑が発言に含まれる。共和党はＦＢＩの増額に熱意を示していない。

「中国のサイバー脅威の規模は大小を問わず多くの個人データと企業データを盗みました。とくに中国は米国のプライバシーとセキュリティに最大の危険をもたらしている」とレイ長官は危機を訴えた。

「私たちのイノベーション、アイディア、経済安全保障、国家安全保障にとって、中国政府ほど深刻な脅威となっている国はありません」とレイは続けた。このＦＢＩの対応から推しはかれることは中国の超限戦で、ミサイルを飛ばす前にまずハッカー攻撃を行い、軍の指揮系統、通信システムの寸断。そして空港や港湾、鉄道駅などの通信システムを破壊し、反撃能力を初期段階で破壊することに狙いがあることがわかる。

宇宙を周回する通信衛星、偵察衛星の破壊攻撃、海底ケーブルの切断。発電所の運用管理システムへの侵入と機能不全に陥れるなど敵国のインフラを破壊すれば、継戦能力も失われるだろう。そのために中国は米国の50倍規模のハッカー軍団を組織したのだから。

５月のシャングリラ対話で李尚福国防相は、ロイド・オースチン米国防長官との面談を拒否した。会いたくない理由があった筈《はず》だ。

やっぱりそうだった。６月８日、ウォールストリートジャーナルが報じた。中国とキューバ両政府が通信傍受施設をキューバに設置することで合意していた。中国の狙いはスパイ基地の建設で、対岸はフロリダ州。キーウェストからキューバは目視できる。

ペンタゴン筋は米本土の情報収集が狙いと見立てた。中国は通信傍受施設を設置する交換条件として「数十億ドル」（数字の明示はない）をキューバに支払う。実現すれば、米本土で交わされる電子メールや電話での会話、衛星通信の内容などの収集が可能になる。

カストロ兄弟の独裁的統治が終わって、キューバの新大統領はミグエル・デアズ・カネル。２０２２年11月25日に北京を訪問し、習近平と会談した。爾来、このプロジェクト案件の詳細が煮詰められてきた。

キューバは陽気な国、タクシーは１９７０年代のクラシックカー。街角には即席の楽団が無数にあり、洒落たバアにはヘミングウェイが毎日通った。葉巻で有名なコヒマはアーネスト・ヘミングウェイが『老人と海』を書いた別荘地。日本とも関連が深く十七世紀に欧米派遣使節としてスペインは向った支倉常長《はせくらつねなが》は、ハバナに立ち寄っているため、市内に大きな銅像がある。

ともかく機密データ漏洩が西側全体で最大のアキレス腱になっている。

オープンＡＩのＣＥＯさえ議会証言で「強い規制が必要」と明言している

米の政治には「見えるもの」と「見えないもの」があり、可視できる動きは露骨なまでに反共和党、反トランプ、要するに保守主義になじまない人たちである。ハイテク企業、大学、ウォール街に偏在する。

具体例の1つがツィッターであろう。トランプのアカウントに難癖をつけて閉鎖した。「永久凍結」とは言論弾圧である。８８００万人いたトランプのフォロワーはトランプが立ち上げたトゥルース・ソーシャルに場を移したが４００万のアカウントに留まっていた。

２０２２年10月に全米一の富豪、マスクがツィッターを買収し、経営トップならびに従業員のうち６０００名をそそくさと解雇した。その上で広告収入に頼らない会費制とし、加えて上場を廃止した。イーロン・マスクは言論活動を復権させるために、やむにやまれぬ正気の行動だったと保守陣営は高く評価した。買収総額は４４０億ドル（６兆３８００億円）で、融資資金の１２７億ドルをＪＰモルガンが支えたとされた。ところが、蓋を開けると三菱ＵＦＪが21％（26億ドル）、みずほ銀が４％（４億ドル）と全体の四分の一は邦銀の積極融資だった。

バイデン大統領はリベラル左翼が支持基盤だから、「マスク氏が嘘を世界にばらまく会社を買ったことを懸念している」と批判した。国連高等弁務官のフォルカー・トゥルクは「誤情報の規制などが後退する懸念がある」などと、これまた批判的だった。

一方、トランプは「ツィッターが『分別のある人物』の手に渡り、とても嬉しい」と素直な表現をした。

ツィッターは「認証バッジ」（アマゾンのプライム会員のような優遇利用者）を値上げして月額7・99ドルを課金し、脱広告収入をはかる。ツィッターは売り上げの大半をネット広告に依存する体質で、マスク買収直後から左翼が開始した妨害活動はGMなど広告出稿企業への抗議活動で暫時広告出稿を取りやめさせた。ツィッターはトランプ前大統領のアカウントを「偏向だ」と難癖をつけて永久凍結し、米国に言論の自由がないことを証明する結果となった。怒り心頭のマスクが「検閲」していた左翼活動家らしきスタッフを追放し、上場を取りやめて新しいやり方の経営に踏みきった。またFOXを追放されたタッカー・カールソンもツィッターを基盤とする番組チャンネルを開設した。

ツィッターの不振こそチャンスとメタが攻め込んだ。

リベラル左翼で親中派のマーク・ザッカーバーグはツィッターに対抗し、新SNSの投稿サイト「スレッズ」を設立した。２０２３年7月初旬の発表から四時間で５００万人、

7時間で1000万人のユーザーを集め、一週間で一億人のユーザーを獲得した。ちなみにフェイスブックは30億人が使い、インスタグラムは20億人。このインスタグラムからスレッズに繋がる。一方、ツィッターはXと改称し、5億5600万人が利用している。

そのザッカーバーグが、不思議なことに中国から批判され始めた。

もともとフェイスブックのプライバシー漏洩問題などで裁判沙汰が多い人物であり、ハーバード大学を中退して起業し大成功を収めただけに周囲や同業からの嫉妬も強い。彼はユダヤ人だが、ベトナム華僑の末裔プリシラ・チャンと結婚しており、中国語もかなり流暢と言われる。それゆえに「親中派」と目されてきた。そのザッカーバーグをなぜ中国が激しく非難するのか。

ザッカーバーグは、中国のバイトダンスのアプリTikTokが、米国からユーザーのデータを中国に送っている形跡があって、同社に強い規制をかけるべきだとのロビィングをワシントンで展開した主役だったのだ。

TikTokは米国ユーザーのデータを集めるなど、まるで「中国のスパイ行為」だとし、この中国脅威論はまたたく間に全米に広がり、TikTokの責任者は2023年3月に議会に召喚されて吊るし上げられた。

中国のザッカーバーグ批判は四年前に遡る。２０１９年10月、下院金融サービス委員会で証言に立ったザッカーバーグはＴｉｋＴｏｋを「米国から盗んだ技術でＴｉｋＴｏｋが検閲行為を行っている証拠がある」とし非難した。ジョージタウン大学の講演でも「米国から盗取した」と述べていた。このように忘れかけていた過去の発言を引いて中国は執念深い批判に転じた。

ツィッターは、スレッズの構造がツィッターに似ており、元ツィッター社員の引き抜きによる知的財産権の侵害に当たるとして提訴を準備していると報じられた。ツィッターがザッカーバーグ宛てに送った書簡では、「メタが企業秘密や他の知的財産を故意に不正流用している」とし情報の利用停止を要求した。ツィッターは弁護士を通して「ツィッターの企業秘密にアクセスできた、そして現在もアクセスできる数十人の元ツィッター従業員をメタ側が雇用し、スレッズの開発に従事させた」と主張。こうした行為は「州法と連邦法、ツィッターに対する従業員の義務に違反している」と警告した。

この背景にあるのは単にツィッターvsフェイスブックの対立ではない。これは保守主義vsグローバリスト左翼との思想戦争である。

かくして日米半導体戦争で日本が敗退し、気がつけばファンドリーでのし上がった台湾、韓国が技術で米国を凌いでいた。設計デザインは米欧が握り、構造的には「米欧＋日台韓」vs「中国+ロシア」と変貌を遂げていたのである。

GAFAMは売り上げを急減

一方、GAFAM（グーグル＝アルファベットが親会社、アマゾン、ファイスブック＝メタ、アップル、マイクロソフト）の黄金の日々は終わり、緩慢に斜陽産業化していくだろう。

主因は苛烈な競合状況であり、多角化によるクラウド事業などでも競争の激化がある。中国のTikTok、インスタグラム、ユーチューブなどが若者の間に利用者を増やし、2022年第三四半期の純利益はメタが52％減、アルファベットが27％減、マイクロソフトが14％減、アマゾンが9％減となって、利益増はアップルのみだった。そのアップルも主力組立てのフォックスコンが中国でコロナによる工場ロックダウンとなり、生産が停滞したため第四四半期は利益を減らした。その上、中国がアイフォンを禁止したため、株式市場でアップルは時価総額28兆円を失った。

GAFAMの五社だけで米国株式の時価総額の四分の一（25％）を占めた。直近のデータでは五分の一（20％）にまで凹み、関連ファンドや投資銀行にまで大量解雇の嵐が吹き始めた。アマゾンは新規採用を凍結、ツィッターに続いてメタも1万1000人を解雇、オンライン決済大手のストライプも1100人の解雇を発表した。これらGAFAM株取引で潤った投資家、ファンドなどウォール街が戦々恐々となって身構える。

日本でも同様に、例えば「ワクチンの効き目がない」、「南京大虐殺はなかった」などと書き込む、あるいはテレビなどで喋るとユーチューブからも削除される。

誰が検閲しているのか？　目に見えない勢力、というよりAIが語彙から判定したり、音声をキャッチし規制している。つまり「ロボット検閲官」がいるのだ。その仕組みを発明したのもシリコンバレーに集うハイテク起業家だった。ちなみにGAFAMの経営者はほとんどが民主党支持であり、おまけに親中派である。

米国では2020年の大統領選挙は不正があったとし、バイデン当選を認めない人たちが47％、結果を容認するとしたのが31％と、じつは多数が、あの選挙は不正だと認識しているという世論調査がある。選挙予測サイト「ファイブサーティエイト」が調べた結果、「完全否定」が36％、「疑念表明」が11％で計47％。対して「不正選挙はなかった、完全に認める」としたのが僅か14％、「留保付きで認める」が17％で計31％だった（毎日新聞、2022年11月1日）。

しかし、民主党支持の左派はこの真実を隠蔽した。「根拠がまったくない主張だ」「トランプ支持者はカルト教団の信者」、「自分たちの勝利しか認めないのであれば選挙は成り立たない」「選挙結果を尊重しない人に権力を与えてはならない」などと巧妙なキャンペーンを展開し、こうした主張はリベラルな新聞、テレビで繰り返し繰り返し放送された。

「グローバリズム」の象徴として世界にサプライチェーンを構築してきた代表格が米国アップルである。

アップルの創業者ジョブズは、スマホをすべて米国内で生産する基本方針を打ち出していた。技術を守り、権益を独占する目的が含まれていた。二代目ＣＥＯのティム・クックはインド系アメリカ人でもあり、世界的普及を狙って中国に生産拠点を移行した。世界的なサプライチェーンを構築して世界市場を比較優位に導くというグローバル戦略に切り替えた。

これは戦略的な誤りだった。予期せぬ事態、ファーウェイの迅速な台頭を許したからだ。いま世界各地、モスクワでもワルシャワでもオークランドでも、いやラオスやミャンマーの片田舎へ行っても「ＨＵＡＷＥＩ」の看板が輝いている。

トランプ政権の基本方針の転換、つまりグローバリズムの否定によって、米中貿易戦争という表面的な現象のもと、地下水脈では自国に生産を戻すという基本の考え方に切り替わった。これはアップルだけではない。インテルもグーグルもクアルコムもそうである。

第一に、ファーウェイに蚕食された世界市場のシェア奪回に動く。しかしすでに10万基のアンテナ基地はノキア、エリクソンなどを押しのけてファーウェイが世界に浸透しており、ロシア、中東ばかりか、同盟諸国であるNATO諸国ですら、ファーウェイの地上局を設営している。アフリカ諸国に至っては米国勢の捲土重来の余地さえない。

英国が宗主国だったパプアニューギニアやフィジーですら、英国系ボーダフォンをファーウェイが猛追している。

第二に、基本特許の制約を強化し、法廷闘争などを通じて、外国企業の次期テクノロジー先行を法的にも阻止することに米国の企業戦略が置かれるだろう。

しかし、その前に米国は国内勢の内紛を早急に解決しておく必要がある。例えばグーグルとオラクルのアンドロイドの言語（JAVA）をめぐる著作権の訴訟合戦。すでに十年に渡って係争が続いているが、アメリカに独創的なアンチトラスト法の壁があり、国益よりも法律解釈が優先するという弁護士、法律家エスタブリッシュメントの世界が広がる。

「敵を前に戦力を集中しなければならないときに、いつまで身内の醜い裁判闘争を繰り返しているのか」と不満も根強い。

具体的にはOSと基本特許、派生する周辺特許の確保と中国勢に特許使用を認めないという、次の方針が明確化してくるであろう。

第三に、現況サプライチェーンの再構築という大問題が横たわっている。国際的に分業体制に変貌させきた多角的複合的グローバリズムは、根底的な見直しに直面することになる。米国vs反米諸国+中国という図式になる。もっと具体的に言えば、韓国サムスン、SKハイニックス、台湾TSMC、UMCの位置づけ、今後のファンドリー企業との関係がどうなるかということである。

半導体ファンドリーで世界の49%のシェアを誇るTSMCは、アップルとファーウェイに供給してきた。今後も中国への供給は続けるという姿勢を示している。米国のソフトなどが価格の25%以内なら制限を受けないという米国の規制から外れていると判断しているTSMCの扱いが難しい。

世界第2位のサムスンはクアルコムへ供給し続けている。

第四に情報漏洩、スパイ防止、ハイテク防衛のために西側は団結しての防御態勢を敷けるのか、どうか。

中国を対象とした新ココムが形成されつつある状況だが、西側全体が米国の中国封じ込め政策に全面的に賛同し協力しているとは考えられない。

例えば、米国はファーウェイが北朝鮮に通信網を構築したという報道を受けて調査を命じた。ファーウェイが中国企業を通じて通信機器や保守サービスを北に提供していたというのだが、北朝鮮という伏魔殿のなかをどうやって調査するのだろう？　最近明らかになったのは、北のハッカー部隊は２０１８年だけでネット銀行から総額20億ドルを盗んでいた事実がある。

ほかにも中国のハッカー集団はインドネシアで66人を逮捕・強制送還した。２０２３年９月９日の共同電はミャンマーで１２００名以上のハッカー集団を拘束したという。

第六章

日本の巻き返しはあるのか

攻撃に脆い日本企業

２０２３年７月４日午前六時過ぎ、名古屋港の搬出入管理のコンピュータシステムがウィルス攻撃でダウンした、コンテナターミナルの積み卸しが出来なくなったため、長距離トラックの長い長い行列が出来た。とくにトヨタの輸出に大きな障害となった。二日後、すべてのターミナルで業務を再開した。トヨタの海外輸出や自動車部品工場が密集する名古屋の貿易港がこれほどハッカー攻撃に脆弱だった。名古屋港運協会によると、ウィルスはシステムのデータを暗号化し、その解除と引き換えに金銭を要求する「ランサムウエア」だったという。この手口はロシア、北朝鮮系ではないかと言われた。インフラを狙うテロである。

この名古屋港システム攻撃事件が意味することは、わが国がいかにハッカー、ウィルス攻撃に脆弱であるかを世界に晒したのであり、反省として教訓化しなければならない深刻な事案である。現に、日本政府の枢要な官庁の機密データがほとんど中国にハッキングされていると、米国から日本政府は警告を受けている。

時計の針を２０２０年10月に巻き戻す。

コロナ禍の最中だった。10月20日、宮崎県延岡市の旭化成半導体工場で火災が発生した。ガスと薬液が使われているため消防車が接近できず、鎮火するまでに四日かかった。自動車向けの半導体を生産していたため自動車各社のラインが止まった。サプライチェーンは機能不全となった。

２０２１年２月、テキサス州オースチンはハイテク企業が密集する工業都市だが、サムスン、ＮＸＰセミコンダクターズ（オランダ）、ドイツのインフィニオン・テクノロジーズで停電が発生し、しかも操業停止は数週間にも及んだ。停電はなぜ引き起こされたのか？　人為的な事故ではなかったのか？

同じく２０２１年３月、台湾で渇水が起こり、半導体製造メーカーが集中する新竹工業団地では給水車を手配する騒ぎとなった。

同月19日、ルネサスの那珂工場（茨城県ひたちなか市）で火災が発生した。自動車に搭載するチップでは世界最大規模の工場である。これは日立と台湾の連華電子が合同で設立したトレセンティ（２００２年に合弁解消）の工場跡を利用して、最新鋭工場に改築されていた。

同年３月31日、台湾のシリコンバレーと言われる新竹工業団地のＴＳＭＣの先端工場で火災が発生した。ここはＴＳＭＣの極秘開発工場である。ＴＳＭＣの幹部社員も知らない世界最先端のチップを製造している。

これらの原因は依然として「謎」に包まれている。放火説が根強いが、犯人はライバル企業なのか、それとも「あの国」か。

単なる事故ではない。激烈に闘われている世界半導体戦争の〝闇〟の部分である。

半導体戦争、逆襲へ

アメリカの策謀にやられっぱなしの状況を典型的に表すのが半導体競争の影の部分である。日米戦争の延長戦は経済面で熾烈に戦われてきた。

お花畑の日本は、戦争の本質を見ようともしないで別の騒ぎに明け暮れている。

ラピダスの千歳工場が決まった直後から、札幌から千歳にかけての不動産業界に異変が起きた。建設が開始されると2000名から4000名の建設労働者が必要となり、彼らの宿泊施設が必要になる。千歳周辺の空港関係者が減員されていたため、多少の空室も千歳市にはあったがすぐに埋まった。札幌ではマンション一棟借り上げというケースが発生、またビジネスホテルの長期契約まであって不動産価格が沸騰している。札幌のホテル予約のページを参照されたし。ホテル代金はべらぼうに高騰している。

ラピダス工場建設の主契約は鹿島建設で、新千歳空港に隣接する美々工業団地で工事が開始されている。

ラピダスはＩＢＭのファンドリーから立ち上げ、テスラのＥＶ用チップなど、東京では営業活動を始めており、社長は日本ＩＢＭ小池淳義元副社長、会長は東京エレクトロン会長だった東哲朗という陣容である。ラピダス命名の由来はラテン語の「記述する」からだ。

日本の半導体の黄金時代は１９７０年代からで、日立、ＮＥＣ、東芝など重電メーカーが覇を競った。ミネベア（現ミネベアミツミ）なども参入し、１９８０年代に日本のシェアは世界の過半、１９８９年には70％ものシェアを占めた。この破竹の進撃に待ったをかけたのが「日米半導体協定」だった経過は第一章に詳述した。自動車の輸出自主規制を強要されたように日本の業界は手枷足枷をはめられた。その上でアメリカは台湾と韓国にテコ入れし、日本の頭越しに技術を供与した。理不尽きわまりないが、これがフェアの精神を説くアメリカの、不公正なやり方である。彼らのロジックは論理的に見えて、じつは詭弁である。明らかにＷＴＯに違反する。

ところが、アメリカは貿易赤字を抱える原因を「米国は競争力を持ちながら、日本市場

日本の半導体関連メーカー

●半導体材料の有力メーカー

住友化学

2011年にタッチパネル部材に参入、カラーレジストや偏光フィルムなど液晶や有機EL向け部材を生産・販売している。韓国に生産工場を持ち、スマートフォンやタブレットを製造するサムスングループなどに納入している。

富士フイルム

写真フィルム製造で培われてきた化学合成などの技術力を応用して、液晶ディスプレイの材料や、医療・医薬品、機能性化粧品、サプリメントなどメディカル・ヘルスケア分野への進出など新規の事業展開を積極的に行った結果、2011年3月期連結までに売上高に占めるカラーフィルムの売り上げは1%にまで低下した。

信越化学工業

半導体シリコンウエアの大手

凸版印刷

大日本印刷

レゾナック

(昭和電工が日立化成を買収統合)

JSR

(元は国際会社「日本合成ゴム」)

※JSRは日本政府ファンドのJIC(産業革新投資機構)が買収予定

●間接材メーカー

東洋合成工業 (フォトレジストに混ぜる光酸発生剤)

フジミインコーポレーテッド (研磨剤)

●半導体製造装置の主なメーカー

東京エレクトロン
アプライドマテリアルズ
ラムリサーチ
スクリーン
ディスコ
KLA
キヤノン
ニコン
荏原製作所
レーザーテック

※これらを含む48社の日本企業がある

の閉鎖性によって対日輸出が増加しない」ことが原因であると難癖をつけ、身勝手な「スーパー301条」の発動を脅しの手段として駆使した。アメリカの戦略的発想とは半導体をいまも昔も国家安全保障と搦《から》めて考えることである。

自国の半導体産業の状況を自らの努力のなさ、工業のインフラの欠陥にあることを反省せず、対日貿易赤字を日本の商習慣が元凶だと決めつけた。この隙間を突いて台湾と韓国がすくすくと伸びた。台湾TSMCと韓国サムスンはすでに3ナノを生産している。

しかし、国家が主導し民間企業の連立のような「日の丸半導体」というスキームはかつてエルピーダメモリで失敗した。日立、三菱電機、NECが母体となったが結束が乱れ、半年で倒産に到った経緯がある。

「台湾有事」は「日本優路」である。

2023年8月8日に台湾を訪問した麻生太郎自民党副総裁が「台湾有事の際は日米の協力を表明し準備しておくことが抑止力になる」と講演で述べた。中国はすぐに噛みついて「身の程知らず」と批判した。

「もし中国の台湾侵攻が成功したと仮定して、その後の世界はどうなるか?」をめぐり、台湾タイムズが米国、日本、韓国、オーストラリア、インド、ＥＵの安全保障専門家に寄稿を求めた。

中国の台湾侵攻が成功すれば世界全体に与える影響を分析した調査で、結論的には「米国とその同盟国は台湾をめぐる戦争における中国の勝利がもたらす戦略的影響を十分に認識していない」とした。

日本からは神谷万丈（防衛大学校国際関係学科教授）が寄稿し、「中国による台湾攻撃が成功すれば米国の安全保障体制が崩壊し、世界の自由民主主義諸国と相互に安全保障を提供する能力にも同様に悪影響を与えるだろう。日本の安全保障環境は根本的に変わるだろう」と述べた。神谷教授は日本の安全保障専門家のほとんどは、米国が本格的な援軍を派遣すれば、中国に対して勝利できると信じている。もし台湾が占領されれば、米国は有意義な支援を提供しなかったため、「地域の安全保障に取り組む米国の意欲に対する地域諸国の信頼は崩壊するだろう」と推論する。

日本の原油の90％と天然ガスの60％が輸送される台湾海峡、東シナ海、西太平洋、南シナ海では、中国の軍事活動が現在よりも活発になるだろう。日本の現在の防衛態勢は、太平洋側からの中国の攻撃を想定していない。これは伊豆諸島や小笠原諸島に自衛隊の基地や駐屯地がないことからも明らかだ。「台湾陥落の代償は日本にとって法外に大きい」と同教授はつけ加えた。

オーストラリア戦略政策研究所のマルコム・デイビスは「米国とその同盟国が台湾防衛に失敗すれば、中国政府にとって非常に寛容な環境を生み出す。台湾は中国にとってインド太平洋における支配的な戦略大国として米国に取って代わるための手段であり、台湾防衛を成さないとしれば、米国が地域の他の同盟国の防衛に来るという認識を大きく損なう上、米国の軍事介入後の台湾の喪失は米国の国益にとって壊滅的な打撃であり、この地域における米国の影響力が自由で開かれたインド太平洋の終焉を意味する」。

北京の壮大な戦略目標は、近隣諸国が『中国の世紀』と覇権的な新中王国を受け入れる、中国主導の運命共同体を促進し、チャイナ・ドリームの顕現となる。

オーストラリアは、例え現在の安全保障上の約束が存続したとしても、米国が安全保障上の約束を果たすことができるかどうか再考せざるを得なくなるとし、ウクライナ戦争中にロシアがＮＡＴＯに対して核脅威を用いた場合と同様の中国の核兵器使用の脅威があり、「核共有」協定の可能性を提起した。

韓国の「新アメリカ安全保障センター・インド太平洋安全保障プログラム」上級研究員のキム・ドゥヨンは「韓国が台湾の喪失にどのように反応するか。基本的に韓国国民の大多数と政策当局者は台湾海峡の出来事に注意を払っていない。しかしロシアのウクライナ侵攻により、別の地域での紛争が自分たちの日常生活と結びついていることを認識するようになり、そのため民主主義諸国は勢いに乗る権威主義国家に対して自由民主主義的価値観への支持を強めざるを得なくなった。とはいえ、韓国国民はおそらく台湾危機への軍の関与に反対するだろう。韓国は米国政府が安全保障の保証を履行することをもはや信頼出来ないとしソウルの保守政権が核兵器の開発方法について真剣な議論を始める可能性がある。ワシントンの孤立主義政権は、韓国の核保有決定に重みを与える可能性がある」。

その上でキムは「台湾の陥落、特に米国が台湾有事に韓国に拠点を置く2万5000人の軍隊を投入した場合、台湾の崩壊は政治的にも軍事的にも北朝鮮をさらに攻撃的にする可能性が高い」と警告する。

フランス戦略研究財団副所長で、モンテーニュ研究所の地政学顧問でもあるブルーノ・テルトレは「ヨーロッパと台湾の関係はますます重要になっているが、それはヨーロッパ人が米国と中国の間の集中砲火に巻き込まれることを望んでいない。EUは超大国の間でバランスを取ることを目指すだろう。EUが中国に対する制裁発動で団結するかどうかはまだわからないが、中国が台湾侵攻の準備をしているのであれば、モスクワに送るメッセージより強力な抑止メッセージを送る必要がある」とする。

インドのジャビン・ジェイコブ（シブ・ナダール大学准教授）は「米国を信頼できない

安全保障パートナーと見ており、米国は安全保障上の重要な役割を果たすだろうが、ニューデリーがどう対応するか。インドは自力で対処する立場が依然として残っている」

インドは台湾側からの要求を無視し続けてきた。インドが国際的主体として台湾にコミットするリスクを冒すほどの重みも深みもないと冷たく言い放った。「簡単に言えば、中国による台湾の『奪還』は、インドの政治体制内に中国の脅威に焦点を当てるのに必要な圧力を生み出すことはないだろう」。

「インドは『先進国』どころか『後退する大国』になる可能性が高く、優勢な中国による自国の領土への脅威を常に心配している」とした。

ことほど左様に、近隣諸国の反応はばらばらである。

日本はアメリカの法律植民地でもある

最高裁判所にも左翼リベラル思想が浸透し、日本はまるで米国の「法律植民地」となったことは多くの指摘がある。これが半導体をめぐる特許裁判にも影響する。

つまり、判例をアメリカの裁判に真似るような、自主性の欠如が日本の司法界だ。

日本が「米国の法律植民地」だとする最大の根拠は独禁法である。これで日本の伝統的な商慣習だった談合という美徳は排斥され、株の持ち合い、系列は敵視された。近年は過激な男女同権思想が蔓延し、少数民族保護と保障が求められる。アイヌは十二世紀に北海道に漂着したオホーツク系漁民であり、先住民族ではない。アイヌを先住民族とするのは山を川と言うに等しいが、これもＬＧＢＴ同様に米国の政治動向を真似ての措置であり、日本史の独自性は無視された。

１９７０年代後半、日本が経済大国にのし上がると米国は「ジャパン・バッシング」を始め、連邦議会前の芝生にカメラマンを集め、東芝のラジカセを議員等がハンマーで叩き壊す映像を流した。理由もへチマもなかった。「スーパー３０１条」は身勝手な押しつけであり、日本の競争力を低減させるためにココムを適用し、東芝解体の端緒となした。引き続いた日米構造協議、日米半導体協定、年次改革要求など、ごり押しを通した。

大店法を認めた後、日本の風景が変わった。大型ショッピングモールにドライブインが叢生し、タバコ屋も酒屋も消えて「じじばばストア」はコンビニか、廃業に追い込まれ、喫茶店、すし店などチェーン化した。日本の伝統的な町の風景が消えた。

現在の対日圧力は経済が基軸にあり、日米金利差でドルを守り、日本の備蓄金はＮＹ連銀が保管し続けるが、日本政府は移管要求をしたことさえない。為替変動制度の導入は米国からの圧力だった。リチャード・ニクソンは金兌換を暫定停止とし、スミソニアン協定

（1971年＝1ドルが308円）からプラザ合意（1985年）となって変動相場制への完全移行後は通貨が商品になり、乱高下を繰り返す。ドル高、ドル安は米国の御都合主義によって操作されている。

弱腰バイデン政権といえども、ペトロダラー体制への挑戦を許さない。サウジアラビアが石油決済をドル基軸体制から離れようとすれば、おそらく米国はサウジ王家を潰すだろう。かつて石油決済をユーロに移行したサダムフセインは吊るされ、リビアのカダフィは暗殺された。ペトロダラー体制から離れようとしたからだ。

バイデン政権は中国制裁路線を継続してはいるが、その政治的動機は「人道主義」を看板としており、中国の致命傷となる法案は米国議会で提出されても巧妙な議事進行（とくにナンシー・ペロシ下院議長時代の民主党の横暴は酷かった）、委員会でも委員長が運営手段で手加減してザル法とするか、廃案としてきた。2020年11月の中間選挙で共和党が下院の過半数を握ったので、議会の法案審議に変化が出始めた。

中国への最終的制裁はウォール街とGAFAMなどハイテク業界が反対しており、米企業の中国撤退はまだ少数でしかない。GMもテスラも中国工場を畳んでいない。中国経済は見通しが暗いというのに、日本企業のなかで、本田も村田製作所も新工場を中国に建設する。ニトリは初めての店舗を中国に出したが、100店舗に拡大すると豪語している。

背景には米国議会工作と世論工作を執拗に中国が仕掛け、その作戦を陰に陽に実行しているからである。

中国は絶妙な手段を講じて企業機密を狙っている

ホワイトハウスには技術評価のスペシャリストが揃い、ときにバイデン大統領自らが出席し、業界大手の幹部と連続的な打ち合わせが行われている。グーグル、インテル、マイクロン、ウエスタンデジタル、シスコ、ブロードコムのＣＥＯたちが具体的協議を重ねてきたのである。日本で喩えるなら岸田首相のもとにラピダス、ルネサス、キオクシア、東京エレクトロン、ソニーなどのＣＥＯが呼ばれ、次期戦略を政経一体となって練り上げる風景である。日本で想像出来ないことがワシントンで起きているのである。

米国はおそらく五年以内にすべてのスマホ、パソコンを米国で生産するか、あるいは一部の部品は日本など同盟国へ移管し直し、ファーウェイなど中国製品を徹底的に排撃するだろう。

研究開発センターも米国へ戻し、世界の優秀なエンジニアは米国に集中させる。その上でシリコンバレーからは中国人スパイを排除する。ＩＴ大手も、インテルにせよ、主力工場は米国とイスラエルに移管し、同様に他のメーカーも外国拠点を継続するか、米国へ戻すかを検討することになる。

米国の技術覇権への熾烈な戦いも、中国という正面の敵を見据えて、戦略目標が明確化した。日本の立ち位置は言及するまでもなく、対米協力以外に選択肢はない。

こんなとき、日本で「大事件」が起きた。産業技術総合研究所（産総研）の研究データが中国人によって盗まれていた。不正競争防止法違反容疑で警視庁公安部に逮捕された産総研の上級主任研究員の権恒道は平成14年4月から産総研で働くかたわら、北京理工大の教授に就任していた。この大学は中国人民解放軍と関係がある「国防7校」の1つである。情報管理の基準が甘く、スパイの暗躍に拱手傍観していたことは国益を大きく損なう。

この類の潜在的スパイは、日本のどの大学にも大企業にもいる。産総研のスパイ事件など氷山の一角、おそらく同様な中国人スパイが数百人はいるだろう。

英国が日本をファイブアイズに加えようとしても、日本の情報管理とスパイ防止法がない脆弱な管理体制では、その資格がないと認識されている。その英米ですら2023年7月15日にはブリンケン国務長官のメールが読まれていたことが発覚した。「ストーム558ハッカー」集団の仕業と判明した。同日、英国もすべての行政分野で中国スパイの浸透に警戒せよとした。中国は同じ日におよそ1万のSNSを閉鎖させた。

2023年初、オランダの半導体製造装置メーカーで世界トップのASMLは中国拠点の元従業員が機密情報を盗んだとして告発した。

ASMLは半導体露光装置（ステッパー、フォトリソグラフィ装置）の世界最大メーカーで、世界16ヶ国に60以上の拠点を持つ。世界シェアは80％だ。ASMLはかねてから日本企業同様に安全管理が脆弱と指摘された。そのオランダが中国人学生の技術コース受講禁止を検討し始めた。オランダ政府は半導体など機密技術の大学プログラムから中国人学生を締め出す法案の策定に取り組んでいる。法案文言は中国を名指ししないが、意図はアジア諸国の学生が学習のなかで機密事項にアクセスすることを防ぐ。

オランダが中国から狙われているとの警告は米国から指摘されていた。日本と同様にオランダは米国の政治的風圧に押され、ASMLは出荷直前だった中国向け半導体製造装置の輸出を止めた。また中国への半導体技術の輸出を厳格に制限する米国の包囲網に参加し、かなり真剣に取り組んできたのもNATOの一員だからである。ASMLは確かにオランダ国籍だが、全欧参加型の企業でありエンジニアは多国籍である。

ラピダスが2ナノ製造に強気の背景にはIMEC（Interuniversity Micro-Electronics Center）がある。

ＩＭＥＣはベルギーに置かれた国際的な半導体研究機関で、常に日本からの駐在員が十数名いる。このＩＭＥＣは１９９４年に設立され、現在世界95ヶ国から８００人が集合して情報を交換している。インテル、サムスンなどの研究者も常駐している。

２０２１年にＩＢＭが2ナノの基盤技術を日本に提供する提携話が進み、それがラピダス設立に繋がった。この背景が重要である。製造にはウエハー露光技術が欠かせないが、これを製造出来るのはオランダのＡＳＭＬである。ＡＳＭＬはＩＭＥＣとは一心同体のである。ＡＳＭＬは２０２５年に試作装置をラピダスに提供するという話が進んでいた。

オランダ諜報機関の報告書は、中国が自国の経済安全保障に「最大の脅威を与えている」と主張した。また「多くのオランダの企業や機関が中国との経済・科学協力の適切なリスク評価を行うことは困難だ」と報告され、「中国政府や中国軍が裏でこうした協力に関与している可能性があることを中国はしばしば隠している。協力のデメリットは長期的に見て初めて明らかになる」。また「中国は企業買収、学術協力のほか、不法デジタル、スパイ行為、インサイダー、秘密投資、違法輸出を通じてオランダのハイテク企業や機関を標的にしている」としているのである。

東京エレクトロンは、２０２２年第四四半期の中国向け製造装置の売上高が39％減となった。２０２２年10月に米国が次世代半導体技術や製造装置の対中取引を禁止した結果だ。

なぜ中国は時代遅れの半導体しか作れないのか？

所謂「失業者」の定義は、先進国はＩＬＯの基準に従って、「仕事を持たず」、「現在就業可能でありながら」、「仕事を探していた」の３要件を満たす。厳密に言えば職業安定所の求人動向や、失業保険の給付を受けている人などを抽出して調査する。

レイオフ（一時休業）は米国では失業者に含めるが、日本では一時休業を、雇用関係が継続しているため就業者に含める。日本の失業率を米国の計算方法で算定し直すと２％ほど高くなる。

ここで問題となるのは、中国の失業率算定方法である。中国の若者の失業率が20％を超えたと騒いでいるが、国家統計局の公式発表に従うと一般的な「失業率」は２０２３年４月時点で５・２％だった。

第一に、中国の計算方法では農民工は統計の対象外である。建設現場ではクレーンが停まり工事が中断している。労働方面を支えた農民工は帰農した。その数は数千万人。農民工の失業率はおそらく90％前後だろう。

第二に、統計がやや正確に反映されるのは新卒の就労状況だけである。２０２２年の大卒が1076万人で失業が19・7％だった。2023年は大卒が1158万人で失業が20・4％だった。

名門・清華大学と言えば、バイデンが「独裁者」と名指しした習近平が卒業した大学である。この名門校ですら就労できない新卒が16％（同大学学生連絡指導センター、2022年12月）なのである。

中国で「職よこせ運動」が発生しないのは、抗議行動が当局から弾圧されるにしても、あまり労働争議も起きない最大の理由に「闇経済」の存在がある。正規の職には就いていないが夜店、屋台、露天商。また中国の裏経済には売春、麻薬、不法取引、ネズミ講、詐欺専門家など有象無象。若者はコンピュータ操作が巧《たく》みだから「五毛幇」でも稼げる。要するに中国の数字は当てにならないのである。

さはさりながら、理工系エンジニアは多い筈《はず》なのに、なぜ中国は時代遅れの半導体しか作れないのか？　教育制度と若者の人生観の変化に原因が潜むのではないか。

米国も中国も、半導体開発で最終的な目的は軍事利用にあることは縷々《るる》述べてきたが、トランプ政権以来、中国のハイテク封じ込めは公務員、軍人のファーウェイ使用禁止から始まってＴｉｋＴｏｋの追放、631社の中国企業をブラックリストに載せて取引停止、まさに米国の対中禁輸はかつてのＡＢＣＤ包囲網だ。

とは言うものの、中国は必ず半導体戦争の報復戦に打って出てくる。

技術者の分析を見ると、これで中国はおしまいだと騒いで中国が半導体製造装置を造るなどミッション・インポッシブルだと批判している専門家が多いが、技術のみの視野狭窄な推論でしかない。戦略的考察をすれば中国を過小評価しない方が良いだろう。

上海市政府は、浦東地区にＡＩハブを構築すると発表し、ＡＩの人材と投資を誘致するために規制緩和に踏み切った。２０２３年7月6日、上海で開催された「世界ＡＩ会議」に専門家を集め、今後、人財を広く育成し、研究開発を強化し、先進的な製造業、都市管理、産業分野でＡＩ技術の利用を促進する。それゆえに民間資本にも新たなインフラへの投資を呼び掛けた。

「上に政策あれば下に対策あり」というのが中国人の生き方。卑近な例を挙げると、習近平は過度の学習ブームは良くないと放言し、学習塾、補習班などの受験ビジネスを禁止した。すると塾の経営者や講師はどうしたか。闇の市場を開いたのだ。すなわち会場を常に移動させながら塾の運営を続けた。それだけ両親は子供を小学生のときから塾に通わせ、富裕層は家庭教師を雇う。ＡＩや半導体開発でも、欧米の模範が先行すると、猛追する国はあらゆる手段、それこそ買収、美人局、ハニートラップ、脅迫を行って先進技術を盗み、開発者を買収し、市場を横取りする。

「国民はパンツ一枚になっても原爆を作る」と周恩来は豪語した。そして原水爆もＩＣＢＭも、空母に宇宙衛星を実現して米国と肩を並べ、超音速ミサイルでは米国の速度を抜いて軍事覇権を確立したように、半導体装置から原材料から何もかも全体主義体制であるがゆえに、数年以内に中国が独自に確立することは可能なのである。

ＡＩはすでに花形産業ではない中国

理工学部系の卒業生もこれまでは引く手あまただった。ＡＩ産業は輝かしい希望に満ちていた。２０２３年7月6日から上海で開催された「世界人工知能会議（ＷＡＩＣ）」には、じつに４３００社が参加した。

半導体産業の育成に補助金を出したら数千社が群がった。それが、軒並み姿を消した。ＳＭＩＣは7ナノ半導体生産に成功したと報道があったが、２０２３年第二四半期の決算は19％の落ち込みとなった。ＥＶで成功したＢＹＤのＣＥＯは「中国にはＡＩの基礎がない。難しいと思う」とし、ＡＩに進出する計画はないとした。「それほど旨くいく筈がない」と「サウスチャイナ・モーニングポスト」（7月18日）の記者に答えている。

理工学部卒業生にも明るいニュースがほとんどないというのが、２０２３年の中国就職戦線である。

最近、米国がユネスコ（国際連合教育科学文化機関）に復帰した珍事があったが、これは中国の巻き返しに対抗する一環である。

２０２３年6月30日、パリでユネスコは臨時総会を開催し、参加１３２ヶ国の同意を求めた。第一日目はロシアが強烈に議事進行を妨害し、二日目に五時間の審議の後、日本が中心となって議事を取りまとめ、中国とロシアなど十ヶ国が反対したものの多数が賛意を示した。何しろユネスコ予算の22％は米国が負担している。

米国はユネスコにファミレスのように出たり入ったりするが、２００３年9月にも19年間の不在の後で再加入し、十五年在籍ののち、２０１８年、トランプ政権のときに脱退した。２００３年の脱退理由は「ソ連の影響が強い、反イスラエルだ」とした。２０１８年の脱退理由も表向きは「反イスラエル色が強すぎる」だったが、本音はユネスコが左翼に乗っ取られているからだ。ヒューマニズムに名を借りた少数派のごり押しと極左グループがグローバリズムを擬装して、様々な有害の決議や声明を出すからである。

ならば、なぜまた、バイデン政権はユネスコに復帰したのか。

それは次期ＡＩをめぐる議論で、米国が主軸となって進めている「ＡＩ基準」に対して、ユネスコが妨害、あるいは悪影響を与える決議をやりかねないからである。人権とか環境とかを隠れ蓑に左翼は舞台裏で強く連帯しているため、ＡＩ基準制定に悪影響が出ることは必至の情勢だったからである。

エピローグ

半導体戦争は倫理、道徳に繫がる

「AIのゴッドファーザー」かく語りき

英国系カナダ人で「認知心理学者」として知られ、〝AIのゴッドファーザー〟と言われるジェフリー・ヒントンはカナダ・トロントのエナーケア・センターで講演した（2023年6月）。

AI開発の第一人者は「AIはすでに初歩的な推論能力を持っており、人類を転覆させようとしている可能性がある」と警告した。

「AIシステムは事前にプログラムされたほかの目標を達成する方法として、人間から制御を奪おうとする欲求を抱く可能性がある。もしAIが私たちよりも賢くなったら（その可能性は非常に高いと思われる）、そして独自の目標を持てば、AIが主導権を握る可能性がある」

ヒントンはグーグルで十年間、ＡＩ開発に協力した。

「人間に匹敵するＡＩ超知能が今後30～50年以内に出現するのではないかと懸念してきたが、いまでは20年以内に達成される見通しが強い。私たちは大きな不確実性の時代に入っており何が起こるか本当に誰にも分かない。人間のような会話を生成する人工知能ソフトウエア（ＣｈａｔＧＰＴ）は２００３年２月から机上のコンピュータで見られる時代となっている」

　そしてヒントンは続けた。

「世界中の軍隊がＡＩ搭載の軍事ロボットを開発中だ。プログラムされた任務を遂行するために制御システムを掌握し、紛争の激化を助長して政治秩序を混乱させる可能性がある。こうした自律型致死兵器を如何にするのか、戦闘ロボットにＡＩを使用すれば、それは非常に厄介で恐ろしいものになる」

　だから中国の共産主義政権は怖ろしいのだとヒントンは北京の独裁者への懸念に繋いだ。

「中国はＡＩ対応の致死システムを開発し、軍事意思決定と指揮統制に関連するＡＩ機能の開発に大々的な投資をしている。したがって各国政府はＡＩから人類を守る方法についての研究を奨励すべきだ。第一次世界大戦後の化学戦争に対する『ジュネーブ議定書』のように、ＡＩ兵器システムを禁止または管理する国際ルールを確立することだ」

事態はここまで深刻なのである。

国連安全保障理事会は、７月18日になってようやくＡＩを協議する公開会合を開いた。軍事利用や虚偽情報の拡散といったリスクの管理に向けた国際協調の必要性があり、日本と欧州の理事国はＡＩを活用する上で民主主義と人権の尊重を重視。中国とロシアは欧米主導の議論を牽制した。

国連のカルロス・グテレス事務総長は、人間の判断に基づかずに殺傷する自律型ＡＩ兵器を禁じる法的枠組みを２０２６年までに妥結させるよう、各国に求める方針を明らかにした。

機械には喜怒哀楽がない。半導体は人間の心を有しない。涙を流すことがない。しかし魂は人の心を揺さぶる。文学は天地《あまつち》を動かすと藤原定家が言った。

ＡＩの時代、鉄腕アトムの夢の世界がまもなく現実になろうとしている時代にこそ「精神世界」の深さを考察するべきではないか。

この哲学的命題はすでにルネ・デカルトの時代から提議されてきた。デカルトは17世紀の哲学者だが、物体と精神は別物とする「心身二元論」を唱え、今日のＡＩへの懐疑の基本問題を早くからえぐった。

イヌマエル・カントは理性と道徳を説いて科学に客観的根拠はあるのかと疑念を明らかにしていた。二十世紀の実存主義の走りとも言えるマルティン・ハイデガーは、原子力が最も支配的な脅威であり、利便性や効率をのみ追求するのではなく、テクノロジーと人間の関係を根底から問い直せとした。そのハイデガーの愛弟子ハンナ・アーレントは、全体主義のおそるべき脅威と愚昧《ぐまい》を語ったが、自然のなかに本来存在しなかったものを導入することで戦争や事故が起こり、この脅威が公共性を破壊し、人間の自由を奪うと警告した。

こうして見てくると、半導体戦争の未来を明るくするか暗くするかは、人間の英知にかかっているのである。

著者プロフィール

宮崎正弘（みやざき まさひろ）

1946（昭和21）年、金沢市生まれ。早稲田大学英文科中退。『日本学生新聞』編集長などを経て『もうひとつの資源戦争』（講談社）で論壇へ。以後、作家、評論家。中国問題、国際関係、経済から古代史まで幅広く論じる。現地調査を踏まえた現実的な評論には定評がある。早期に危機を警告する『軍事ロボット戦争』『日米先端特許戦争』など著書は250冊以上。最近の著書に『ウクライナ危機後に中国とロシアは破局を迎える』『誰も書けなかったディープ・ステートのシン・真実』（共に宝島社）、『葬られた古代王朝 高志国と継体天皇の謎』『歪められた日本史』（共に宝島社新書）などがある。

スタッフ
編集／小林大作、中尾緑子
本文デザイン＆DTP／株式会社ユニオンワークス

半導体戦争！
中国敗北後の日本と世界

2023年10月20日　第1刷発行

著　者　　宮崎正弘
発行人　　蓮見清一
発行所　　株式会社宝島社
〒102-8388
東京都千代田区一番町25番地
電話　営業　03-3234-4621
　　　編集　03-3239-0927
https://tkj.jp
印刷・製本　中央精版印刷株式会社

Printed in Japan
ISBN978-4-299-04759-5

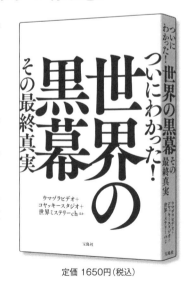